设施农业技术系列丛书　　丛书主编　周长吉

日光温室
环境控制技术与设备

周长吉 ◎ 著

中国农业出版社
农村读物出版社
北京

图书在版编目（CIP）数据

日光温室环境控制技术与设备 ／ 周长吉著．—北京：中国农业出版社，2023.5

（设施农业技术系列丛书）

ISBN 978-7-109-30682-0

Ⅰ.①日…　Ⅱ.①周…　Ⅲ.①日光温室－环境控制－研究　Ⅳ.①S625.2

中国国家版本馆CIP数据核字（2023）第080112号

中国农业出版社出版

地址：北京市朝阳区麦子店街18号楼

邮编：100125

责任编辑：周锦玉

版式设计：王　晨　责任校对：吴丽婷

印刷：中农印务有限公司

版次：2023年5月第1版

印次：2023年5月北京第1次印刷

发行：新华书店北京发行所

开本：880mm×1230mm　1/32

印张：6.75

字数：188千字

定价：49.80元

丛书序

  设施农业是在环境相对可控条件下，采用工程技术手段，进行动植物高效生产的一种现代农业方式。在我国土地资源紧缺和国际贸易壁垒的多重压力下，发展高效设施农业已成为当前和未来我国农业发展的重要增长极，也是保证粮食安全和乡村振兴的重要抓手。

  2022年3月6日，习近平总书记在参加政协农业界、社会福利和社会保障界委员联组会时讲到"要树立大食物观""向设施农业要食物，探索发展智慧农业、植物工厂、垂直农场"。《中共中央 国务院关于做好2022年全面推进乡村振兴重点工作的意见》中提出，要"加快发展设施农业""因地制宜发展塑料大棚、日光温室、连栋温室等设施""推动水肥一体化、环境控制智能化等设施装备技术研发应用"。

  为贯彻落实习总书记提出的"大食物观"，实现"向设施农业要食物"的要求，社会各界积极响应，或投入资本，或生产转型，设施农业已成为当前和今后相当长时间内的农业投资热点。然而，我国设施农业技术发展的标准化水平相比工业化生产而言还有很大差距。长期以来，设施建设和生产以农民和民间工匠为主力军，他们有经验缺理论，无法系统完整地提出工程设计和运行管理的技术，一些教科书偏理论缺实践，无法直接指导设施农业的工程建设和管理。为弥补这种行业缺失，农业农村部规划设计研究院和中国农业出版社组织策划了这套既涵盖基础理论又重视生产实践的"设施农业技术系列丛书"，全方位介绍设施农业建设的理论和实践，以期为中国设施农业的健康、高效发展增添一份技术保障。全套丛书基本涵盖了当前现代设施农业的前沿技术和主流设备，既可成套使用，也可分别使用。

　　本书适合设施农业工程的设计、建设和生产管理者学习和参考，也可作为专科学校学生的教材，还可作为农业工程以及设施农业科学与工程专业大学本科和研究生的学习参考资料。对于工程设计和咨询单位技术人员以及设施建设和装备生产的企业人员也具有重要的学习和参考价值。温室工程的经营管理者，可以从丛书众多的优秀案例以及倒塌和灾害的失败案例中吸取经验，也可在设施建设的前期以及设施运行过程中学习和应用书中知识，少走弯路，节省投资，降低运行费用。

　　由于作者水平有限，精选案例也不一定能代表最现代或最经济的工程建设方案，缺点错误之处，恳请读者批评指正。

周长吉

2022年7月

日光温室是一种高保温的节能建筑，从建筑用材和结构形式上已经定格了温室的温光性能，但要将这些固有的温光性能在生产运行中充分发挥出来，并能合理应对极端气候条件、保证作物的正常生长却又离不开环境调控设备及调控技术。

日光温室的室内环境包括温度、湿度、光照和CO_2浓度等。与连栋温室相比，日光温室由于是一种相对简易的农业生产设施，环境调控技术不论调控参数的种类还是参数调控的耦合度或精准性都有显著的差异，大多数条件下还是更强调日光温室的温光环境，主要以控制通风和卷被为抓手，通过控制温度来协同调节室内湿度和CO_2浓度，独立的除湿设备和CO_2施肥设备在日光温室中应用很少。光照是作物生长进行光合作用的主要环境影响参数，但由于成本问题，人工补光只有个别温室在严重雾霾或多日连阴天时才会使用，实际日光温室建设和生产中作物的采光基本还是依靠自然光照。保证温室采光：一是要依靠温室的建设选址来解决，一般应将日光温室建设在冬季日照百分率超过60%的地区；二是要设计合理的温室采光面。实际上，温度是作物生长最基本的环境参数，控制了温度基本也就保证了作物的正常生长。

日光温室的特征是高保温，由此也决定了这种形式温室主要在我国北方地区或高海拔地区冬春季使用。近年来，随着我国对土地资源的管理和控制要求越来越严格，国家提出"向设施农业要食物"，日光温室除了要保证冬春季节生产外，还要求能周年生产，以增加农产品产出量，提高土地利用率。因此，对温室夏季的遮阳和降温也开始提上了议事日程。

为此，本书围绕日光温室光热环境，从采光、通风、降温、储放热、加温等方面系统总结我国日光温室发展40多年来所形成的技术与装备成果，既有对历史发展过程中开发出来的技术与设备的总结，也有对当前正在推广使用的技术与装备的评介，还有对未来发展前沿技术与装备的展望，是一部集知识性、历史性和研究性为一体的著作。

书中的技术与装备大多来源于生产实践，在编写过程中作者一直在努力试图将每项技术从原创到提升、从低级到高级勾勒出其发展的历史轨迹和形成的前因后果，使读者能够循序渐进地理解和掌握每项技术的来龙去脉，并启发读者在现有技术基础上开展新的创新和提升。

从方便理解和轻松阅读的角度出发，本书在内容选择和表达上力求简洁、通俗，并通过大量的插图提高阅读的直观性。书中还插入很多设备实际运行的现场视频，通过手机扫码延伸阅读，可将静态的书面图文进一步拓展到动态的立体化音频和视频，以融媒体的形式展现给广大读者，进一步提高了本书的可读性。

本书可供温室工程设计、建造和运行管理的技术人员学习和研究，也可供温室工程投资新建、改造的企业家和种植户参考，还可供大专院校设施农业工程相关专业学生和教师案例教学时参考。

我国日光温室装备和技术发展日新月异，一些技术和装备在行业内还没有形成统一规范的名称或术语，书中有些设备和构件的命名可能不准确。另外，受疫情的影响，一些最新研究和开发的技术和设备也可能没有收集完整，同时限于作者水平，书中难免有错误和缺陷，敬请读者批评指正。

周长吉

2022年12月于北京

目 录
CONTENTS

4　温室降温

5 温室储放热与加温

1 温室光照

适宜的光照是植物进行光合作用的必要条件，同时也是温室保持温度的能量源泉。光照强度影响温室内作物生长主要表现在三个方面：①光照强度低于作物光合作用的补偿点，表现为光照不足，热量不够，温室生产需要补光和增温；②光照强度超过作物光合作用的饱和点，表现为光照强烈，热量充足，温室生产需要遮阳和降温；③光照强度在光合作用补偿点和饱和点之间，表现为光照适宜，但温度的高低取决于光照的强度和温室的保温性能。

日光温室主要用于寒冷地区冬季生产，一般情况下总是表现为光照不足，或光照适宜但热量不足，因此温室设计和生产必须着眼于最大限度采光，以尽量减少温室的补光和增温。高保温的日光温室，能够在冬季寒冷季节不加温或不需要长期加温，主要依靠的就是温室的高效采光和保温储能，所以，温室设计和建造首先应关注温室采光。

高效采光：一是要设计合理的温室采光面；二是要选择高性能的透光覆盖材料。合理的采光面能够使温室在光照较弱（时间较短）的季节获得更多的太阳光照，以满足作物生长的需要。为了能设计出温室合理的采光面，必须首先了解和掌握光线照射到温室屋面的变化规律。

1.1 日光温室采光原理

1.1.1 倾斜面上接受的太阳辐射

对于任意方位 γ_n（南偏东 90° 至南偏西 90°），地面倾斜角度为 α 的斜面（图 1-1），其上接受的瞬时光照强度为：

$$J_c = \gamma \, I_{sc} P^m \cos\theta \qquad (1-1)$$

式中：J_c——倾斜面上接受的瞬时光
　　　　　照强度（W/m^2）；

　　　γ——日地平均距离修正值；

　　　I_{sc}——太阳常数，1 367W/m^2；

　　　P——大气透明度；

　　　m——大气质量；

　　　θ——太阳光线在倾斜面
上的入射角（°）。

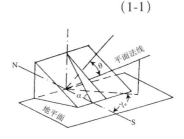

图1-1　倾斜面上采光计算

（1）日地平均距离修正值
（γ）　由于地球围绕太阳旋转的
轨道为椭圆轨道，所以，太阳
和地球之间的距离是时刻变化
的，从而导致太阳辐射到地球大
气上界的强度也在时刻变化（图
1-2）。为计算方便，取日地平均

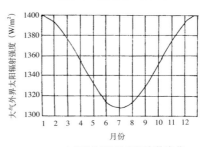

图1-2　太阳辐射随日地距离的变化

距离时大气外界的太阳辐射强度为I_{sc}，称为太阳常数，对其他时间
太阳投射到大气外界的辐射强度I_0用日地平均距离修正值γ对I_{sc}进行
修正，即$I_0 = \gamma \, I_{sc}$，其中γ的计算公式是由高空飞机、气球和空间飞行
器等先进深空工具实测后整理而得：

$$\gamma = 1 + 0.34\cos(2\pi N/365) \qquad (1-2)$$

式中：N——计算日距一月一日的天数，称日序数。

（2）大气质量（m）　是一个无量纲
量。它是太阳光线穿过地球大气的路径
与太阳光线在天顶角方向时穿过大气的路
径之比，并假定在标准大气压（101 325Pa）
和气温为0℃时海平面上太阳光线垂直
入射的路径为1。显然，地球大气上界
的大气质量为零。

如图1-3所示，A为地球海平面上
一点，O、O'为大气上界的点。太阳

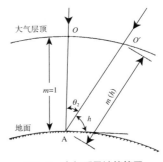

图1-3　大气质量计算简图

在天顶位置时，太阳光线路程为 OA，大气质量为1。太阳位于 O' 点时，大气质量为：

$$m（h）=O'A/OA=1/\sin h \tag{1-3}$$

$$\sin h=\sin\varphi\sin\delta+\cos\varphi\cos\delta\cos\omega \tag{1-4}$$

式中：h——太阳高度角（°），是地理纬度和时间的函数；

　　　φ——地理纬度（°）；

　　　δ——太阳赤纬角（°）；

　　　ω——时角（°）。

式（1-3）是从三角函数推出来的，是以地球为水平面，并忽略了大气的曲率及折射因素的影响。当 $h\geqslant30°$ 时，其计算精度可达0.001，但当 $h<30°$ 时，由于折射和地面曲率的增大，计算误差较大，为此，提出式（1-5）的经验公式，供 $h<30°$ 时计算大气质量：

$$m（h）=[1229+（614\sin h）^2]^{0.5}-614\sin h \tag{1-5}$$

（3）**太阳赤纬角（δ）** 是地球赤道平面与太阳和地球中心的连线之间的夹角，是时间的函数：

$$\delta=23.45\sin[360（284+N）/365] \tag{1-6}$$

（4）**时角（ω）** 地球自转一周为360°，即24h。将地球自转的角度用时间概念表示则为时角，即地球自转15°为1h。规定太阳正午12点时，时角 $\omega=0$，每隔1h增15°，上午为正，下午为负。如上午9点的时角 $\omega=15°\times（12-9）=45°$。

（5）**大气透明度（P）** 是表征大气对太阳辐射衰减程度的一个重要参数。由于太阳光线在透过大气的过程中会受到大气中水汽、CO_2 等气体以及尘埃的吸收和反射而衰减，直观地表现为阴雨天气、雾霾天气大气透明度低，光照强度弱；此外，大气质量（m）越大，太阳辐射的衰减度也将越大。

每个地区不同季节不同时刻的大气透明度都可能是变化的。为了简化计算，日光温室设计主要以冬季的平均大气透明度为依据，并将不同时刻的大气透明度统一修正到大气质量 $m=2$ 后分等级给出：很透明，$P_2=0.85$；偏高，$P_2=0.80$；正常，$P_2=0.75$；偏低，$P_2=0.70$；混浊，$P_2=0.65$；很浑浊，$P_2=0.60$。

（6）**倾斜面上太阳入射角（θ）** 对方位角为 γ_n，倾角为 α 的任意斜面，其上任意时刻的太阳入射角 θ 为：

$$\cos\theta = (\sin\varphi\cos\alpha - \cos\varphi\sin\alpha\cos\gamma_n)\sin\delta +$$
$$(\cos\varphi\cos\alpha + \sin\varphi\sin\alpha\cos\gamma_n)\cos\delta\cos\omega + \sin\alpha\sin\gamma_n\cos\delta\cos\omega \quad (1-7)$$

式中，γ_n 规定倾斜面向南为0，偏东为负，偏西为正。

对于向南倾斜面，$\gamma_n=0$，式（1-7）可简化为：

$$\cos\theta = \sin(\varphi - \alpha)\sin\delta + \cos(\varphi - \alpha)\cos\delta\cos\omega \quad (1-8)$$

1.1.2 透射进温室的太阳辐射

日光温室都是东西走向布置，采光面就是温室的南屋面或称前屋面。在日光温室跨度确定的条件下，温室的采光面大小主要取决于温室的脊高 H 和前屋面采光角 α（图1-4）。需要说明的是，采光面计算的参考地面均为室外水平面。这里的"脊高"指室外地面与温室屋脊之间的垂直距离，前屋面采光角指温室前屋面和室外地面交点至屋脊的连线与水平面的夹角。对于下挖地面的日光温室，由于室内外地坪标高存在高差，采光计算用温室脊高，不应以温室内种植地面为基准地面，二者在屋脊高度上存在下挖地面深度的高差。

日光温室前屋面一般为折面或弧面。不同

图1-4　日光温室总体尺寸

的几何曲面对温室的采光有不同的影响，主要表现在温室的总进光量和光照在地面、墙面及后屋面上的分布。从总进光量看，不同弧面前屋面总进光量略有差异，但影响基本在3%的范围内，其中以屋脊与前底脚之间的平面总进光量最大。为简化计算，在采光设计中，可将日光温室采光面按前屋面采光角形成的倾斜平面考虑。

按倾斜平面考虑的温室前屋面（屋面采光角为 α），其上的采光量可用式（1-1）求得任何地区（表现为不同的地理纬度 φ 和大气透明度 P_2）、任意时刻 ω 的瞬时采光量。按照逐时求和（积分）的方法可获得每天光照累计总量。

进入温室的太阳辐射为照射到温室屋面太阳辐射强度与透光覆

盖材料透光率之积：

$$J_0=\lambda J_c \tag{1-9}$$

式中：J_c——进入温室的瞬时光照强度（W/m^2）；

λ——透光覆盖材料的透光率（%）。

在实际应用中，不同的材料，光线入射角 θ 与透光率 λ 的具体函数关系应该不同，但大的变化趋势是基本相同的。对于透明玻璃的透光率，物理上有严格的数学公式：

$$\lambda=\xi(1-\rho)/(1-\rho^2\xi^2) \tag{1-10}$$

$$\rho=0.5\left[\frac{\sin^2(\theta-\theta')}{\sin(\theta+\theta')}+\frac{\tan^2(\theta-\theta')}{\tan^2(\theta+\theta')}\right] \tag{1-11}$$

式中：ρ——界面的反射率（%）；

θ——光线入射角（°）；

θ'——光线折射角（°），$n=\sin\theta/\sin\theta'$；

n——折射率，是物质固有的特性常数，玻璃平均值为1.526；

ξ——玻璃的吸收率，$\xi=\exp(-KL/\cos\theta')$；

L——玻璃厚度（m）；

K——消光系数，与玻璃的氧化铁含量有关，国产平板玻璃 K 值为7.1～18.8/m。

冬至日（12月21日，日序数 $N=355$）为北半球每年中光照最弱的一天，光照时间最短、太阳高度角最低。对于越冬生产的日光温室，只要能满足冬至日的光照要求，除阴雨天外，其他时段的光照将都能满足温室生产要求。为此，温室前屋面采光设计可取冬至日为设计基准日。当然，如果冬至日的光照不能满足生产要求，可按能够满足生产要求季节的日序数为基准进行计算。

1.1.3　温室采光前屋面的确定

日光温室采光前屋面主要由前屋面采光角 α 和温室脊高 H 两个参数决定，前屋面采光角 α 主要影响单位面积温室采光量，温室脊高 H 则决定温室采光面面积及总采光量。设计中温室采光量首先取决于温室内种植作物对采光的要求，根据种植作物生长发育对光照的基本要求可反推出温室采光屋面的大小。

（1）**种植作物对采光的要求**　根据作物对光照的敏感性，可将作物分为强光性作物、中光性作物和弱光性作物，对应光照强度和光照时间要求也不同。从光照强度考虑，要求照射到作物冠层的光照强度应接近作物光合作用的光饱和点，至少要高于光合作用光补偿点；从光照时间考虑，光明期（光照强度大于光合作用补偿点以上的光照时间）光合作用累计量必须大于光暗期呼吸作用累计消耗量。

强光照作物一般光合作用光补偿点在3 000～4 000lx，而光饱和点多在40 000lx以上，如黄瓜饱和点为50 000lx，在20 000lx以下生育迟缓，10 000lx以下停止生育，最适光照强度为40 000～60 000lx。对光照比较敏感的番茄其光饱和点在60 000lx以上，一般光照要求为30 000～35 000lx，低于10 000lx则产生花器异常，开花结果不良，出现徒长并造成落花、落果现象。

显然，在冬季日光温室中要达到上述作物的适宜光照强度是比较困难的，但只要能保证20 000lx以上的光照强度，强光性作物就可安全生产，并能保持一定的产量。由此，在满足强光性作物安全生产的前提下，对日光温室采光面设计要求大于光合作用光补偿点4 000lx的有效累计平均光照强度不应低于20 000lx。

实际设计中，可首先演算冬至日早晨进入温室的光照强度能达到4 000lx的时刻，再计算这一时刻至中午12时的累计平均光照强度，如果能达到20 000lx以上，则该地区建设日光温室可以满足强光性喜温果菜生产，否则就要按照中光或弱光作物对光照的要求进行分析，并按相应光照水平选择种植作物。如果冬至日光照达不到上述要求，就要更改定植时间，直到满足作物光照要求的日期，并按照该日序数进行温室设计、建设和运营。

（2）**前屋面采光角（α）**　对温室采光的影响主要体现在倾斜面上太阳光线的入射角上，后者不仅影响透射到采光面上的太阳总辐射量，而且影响光线在透光覆盖材料中的透光率，最终表现为影响进入温室的总进光量。理想的前屋面采光角应该是将太阳光入射角始终保持在0°，这样不论是照射到前屋面的太阳光还是透射进温室内的太阳光都是最大的。但由于太阳光照随日出到日落不同时刻在随时变化，而日光温室的采光面又是固定不动的，要在温室全天的采光期内始终保持太阳光在温室采光面上0°的入射角，实际上是不可能实现的。所幸的是，根据式（1-10）和式（1-11）的计算结果，入射角为0°～30°时透光率几乎不变，超过60°后透光率急剧下降，30°～50°是变化的过渡段（图1-5）。从最大限度采光的角度分析，入射角临界值取30°最为合理，光线几乎不损失，但从工程设计的角度看，光线的入射角角度限制越小，温室的前屋面角将越大，温室跨度小而脊高高，建设成本高而种植面积少。所以，入射角临界值的选取应该是温室跨度和脊高协调统一的结果。工程上，一般将透光率衰减2%作为取值的临界点，即对应入射角为43°。据此，按照不同纬度冬至日任意时刻的太阳高度角和方位角，便可以确定出对应的温室前屋面采光角：

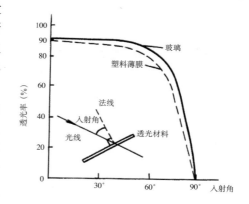

图1-5 透光覆盖材料入射角与透光率的关系

$$\alpha=\arcsin\left[\frac{\sin\left(47°-h_{d}\right)}{\cos\gamma_{n}}\right] \tag{1-12}$$

$$h_{d}=\arcsin\left(\sin\varphi\sin\delta_{d}+\frac{\sqrt{3}}{2}\times\cos\varphi\cos\delta_{d}\right) \tag{1-13}$$

$$\gamma_{n}=\arcsin\left(\frac{\cos\delta_{d}}{2\cos h_{d}}\right) \tag{1-14}$$

式中：h_{d}——冬季计算日上午任意时刻太阳高度角（°），按式（1-13）计算；

γ_{n}——冬季计算日上午任意时刻太阳方位角（°），按式（1-14）计算；

δ_{d}——冬季计算日上午任意时刻太阳赤纬角（°），按式（1-6）计算。

冬季计算日一般取冬至日，日序数$N=355$；上午的计算时刻，可取9：00、9：30、10：00，根据计算时刻的太阳辐射强度是否达到4 000lx为依据确定。

（3）温室屋脊高度（H）　确定的原则是温室后屋面全年不影响室内种植物采光。夏至日（6月21日，日序数N_x=172）中午12时是北半球一年中太阳高度角最大的时刻，只要保证这一时刻太阳光线能照射到温室内靠近后墙最近一株作物的冠层，即可保证全年任意时刻光线可全部覆盖温室种植作物的冠层。

按番茄、黄瓜等高秧作物为种植对象，靠近后墙最后一株作物种植在后走道边（距离前屋面底脚的位置为温室跨度L_0－走道宽度P_1，图1-6），种植作物的冠层高度一般不超过2.0m。由此，与日光温室后走道边沿垂直上升2.0m点相交的夏至日12：00时太阳高度角的光线入射线即透射到温室的最后一道直射入射光，该入射线与前屋面采光角射线的交点即温室的屋脊点（图1-6）。

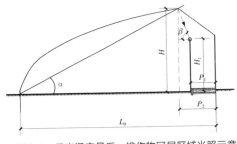

图1-6　日光温室最后一排作物冠层区域光照示意图
L_0.温室跨度　H.脊高　H_1.植株高度　P_1.后走道宽度　P_2.后屋面水平投影宽度　β.夏至日太阳高度角

根据上述原理，可计算出温室的屋脊高度：

$$H=\frac{L_0+(H_1-D_p)(\sin^{-2}h_x-1)^{1/2}-P_1}{(\sin^{-2}\alpha-1)^{1/2}+(\sin^{-2}h_x-1)^{1/2}}\qquad(1\text{-}15)$$

式中：H——日光温室脊高（m）；

　　　L_0——日光温室净跨（m）；

　　　H_1——夏季温室内作物的植株高度（m），吊蔓作物一般取2.0m；

　　　D_p——日光温室室内外地面高差（m），下挖地面为正；

　　　h_x——夏季计算日正午太阳高度角（°），按式（1-16）计算；

$$h_x=\arcsin(\sin\varphi\sin\delta_x+\cos\varphi\cos\delta_x)\qquad(1\text{-}16)$$

式中：δ_x——夏至日太阳赤纬角（°），将日序数N_x=162带入式（1-6）计算；

　　　P_1——日光温室走道宽度（m），一般取0.6～0.8 m；

α——温室前屋面角（°），按式（1-12）计算。

如果日光温室不越夏生产，温室的屋脊高度可按照夏季生产作物拉秧时的日序数来确定，这样做能将屋脊前移并降低脊高，增加温室后屋面长度，可提高温室后屋面的保温性能。从另一个角度考虑，对越夏生产的温室，如果夏季室外光照强度很强，照射到温室靠后墙作物冠层的散射光强度已经达到或超过了作物光合作用的光饱和点，这种情况下，也可不用夏至日直射光的光线作为靠后墙作物冠层光照的设计依据，同样也可以达到日光温室屋脊前移并降低屋脊的目的，这样不仅可提高温室冬季的保温性能，而且还可以降低温室夏季进入温室的太阳辐射，降低温室的降温负荷。

（4）日光温室主体结构尺寸　按照上述日光温室采光面设计理论，在给定温室建设地区的地理纬度 φ 和日光温室跨度 L_0 后，就可以计算出温室的脊高以及后屋面水平投影等主体结构参数（表1-1）。

表1-1　推荐计算的日光温室主体尺寸

地理纬度（°）	跨度（m）	前屋面角（°）	脊高（m）	后墙高度（m）	前屋面水平投影（m）	后屋面水平投影（m）
45	6	35.6	3.5	2.5	5.0	1.0
	7	35.6	4.1	2.7	5.6	1.4
	8	35.6	4.6	3.0	6.4	1.6
44	8	34.6	4.5	3.0	6.5	1.5
	9	34.6	5.0	3.3	7.3	1.7
	10	34.6	5.6	3.5	8.1	1.9
43	8	33.6	4.4	3.0	6.6	1.4
	9	33.6	4.9	3.3	7.4	1.6
	10	33.6	5.4	3.6	8.2	1.8
42	8	32.6	4.3	3.0	6.7	1.3
	9	32.6	4.8	3.3	7.5	1.5
	10	32.6	5.3	3.6	8.3	1.7

（续）

地理纬度 （°）	跨度 （m）	前屋面角 （°）	脊高 （m）	后墙高度 （m）	前屋面水平 投影（m）	后屋面水平 投影（m）
	8	31.6	4.1	2.9	6.7	1.2
41	9	31.6	4.7	3.3	7.6	1.4
	10	31.6	5.2	3.6	8.4	1.6
	8	30.6	4.0	2.8	6.8	1.2
40	9	30.6	4.5	3.2	7.7	1.3
	10	30.6	5.0	3.5	8.5	1.5
	8	29.6	3.9	2.8	6.9	1.1
39	9	29.6	4.4	3.2	7.8	1.2
	10	29.6	4.9	3.5	8.6	1.4
	9	28.6	4.3	3.1	7.8	1.2
38	10	28.6	4.8	3.5	8.7	1.3
	11	28.6	5.2	3.8	9.6	1.4
	12	28.6	5.7	4.1	10.4	1.6
	9	27.7	4.1	3.0	7.9	1.1
37	10	27.7	4.6	3.4	8.8	1.2
	11	27.7	5.0	3.7	9.7	1.3
	12	27.7	5.5	4.0	10.5	1.5
	9	26.7	4.0	2.9	7.9	1.1
36	10	26.7	4.5	3.3	8.8	1.2
	11	26.7	4.9	3.6	9.7	1.3
	12	26.7	5.4	4.0	10.6	1.4
	9	25.7	3.9	2.9	8.0	1.0
35	10	25.7	4.3	3.2	8.9	1.1
	11	25.7	4.7	3.5	9.8	1.2
	12	25.7	5.2	3.9	10.7	1.3

1.2 温室透光覆盖材料选择与维护

1.2.1 日光温室对透光覆盖材料的要求

从提高温室采光性能的要求讲，日光温室对透光覆盖材料的要求主要是能长时间保持高的透光率。为此，从材料光学性能和材料安装维护要求两个方面提出要求，其中材料的光学性能主要包括透光率、流滴性、雾度和耐老化。

（1）**透光率** 是表征透光覆盖材料透过光线能力的一个基本参数，是透过透光覆盖材料的光通量与入射光通量的百分比。材料的透光率越高，其透光性能越好。材料的透光率随光线入射角的增大而减小，垂直入射时透光率最高，这也是生产企业出厂产品标出的性能参数。塑料薄膜的透光率一般应大于90%。对于固定的日光温室采光面，由于采光面一般为弧形，太阳从日出到日落的不同时刻高度角和方位角都在不断变化，所以，太阳光线垂直温室采光面照射的时间很短，或者照射到的温室采光面面积很小，绝大部分时段内太阳光都是斜射温室采光面。为提高温室的采光量，对前屋面透光覆盖材料透光率的要求不仅在光线垂直入射时要高，而且应在更大偏角入射时还能保持较高的透光率。

（2）**流滴性** 是温室用透光覆盖材料的一个特殊技术参数，指雾滴在材料表面凝结成露珠后由小变大并能沿材料表面滑落的能力。温室生产中，为减少病害或畸形果的发生，透光覆盖材料要尽量避免表面的凝结水滴垂直滴落到作物表面。具有流滴性的材料，当表面水滴凝结后不会直接按重力方向滴落，而是沿覆盖材料表面的坡度方向凝结，并最终沿覆盖材料表面滴落到集水槽或前屋面底脚。具有流滴特性的材料，当材料表面由于室内湿度高、室外温度低而结露形成水滴时能够及时滑落并扫清材料表面，由此，可大大提高透光覆盖材料的透光率。对日光温室常用的塑料薄膜，流滴性至少要能持续冬季3个月，对于多年使用的塑料薄膜，流滴性要求应与材料使用寿命同步。

（3）**雾度** 对于完全透明的覆盖材料，光线应该是沿入射方向直线透射。但如果在材料内部或表面添加助剂或改变材料微结构，光线在透射材料的过程中将会发生沿不同方向上的偏移，表现为材料的透明度下降。雾度就是表征这种特征的一个参数，数量上的定义是偏离入射光2.5°角以上的透射光强占总透射光强的百分数。

从作物生产的角度考虑，透光覆盖材料的雾度应尽量高，这样可以避免过强的直射光照射作物冠层，同时有大量的散射光照射到作物的下部空间，从而提高作物的整体光合产量。此外，均匀分布的光照也能使室内温度更加均匀。但从温室墙体储放热的角度要求，透光覆盖材料的雾度应低，这样可以有大量的直射光照射墙面，提高墙体表面温度，进而提高墙体的储热量。按照这种要求，一是可以按不同部位安装不同雾度的透光覆盖材料，在温室采光面的上部安装雾度较低的透光覆盖材料，提高照射到后墙面的直射辐射，下部安装雾度较高材料，增强作物生产区的散射辐射。二是在温室生产的夏季安装雾度较大的透光覆盖材料，减小作物冠层的光照强度；冬季安装雾度较小的透光覆盖材料，提高温室墙体的储放能力。

（4）耐老化 是指材料特征参数在自然环境中长期保持不变的能力。温室透光覆盖材料的特征参数包括材料强度、透光率、流滴性等，在透光特性方面的耐老化要求主要指材料随使用时间透光率不衰减或减缓衰减的能力。大部分的有机材料，长期受紫外线照射或在高温环境下分子结构会发生断裂，由此出现黄化现象，使材料的透光率下降，材料失去使用功能。为此，温室用透光塑料薄膜大都在外表面共挤一层抗老化UV层，或者有的产品在整个母料中混合了UV剂。使用中：一是要选择具有UV抗老化能力的产品；二是要注意UV层的防护表面，应将UV层防护面朝向室外，切忌装反。

1.2.2　日光温室常用透光覆盖材料

日光温室用透光覆盖材料主要包括刚性的玻璃和PC板以及柔性的塑料薄膜，其中柔性塑料薄膜价格便宜，对安装密封的要求低，生产中用量也最大。

（1）刚性透光覆盖材料 日光温室常用的刚性透光覆盖材料主要有玻璃和PC中空板。

玻璃：透光率高、耐老化、表面光滑流滴性好，是我国早期高档日光温室多用的材料。玻璃作为透光覆盖材料，由于其为完全刚性的材料，所对应的温室屋面形状基本为2折式或3折式屋面。后来发展出两个平面用圆弧过渡连接的平滑屋面，但由于弧面玻璃加工费时、费工，且成品率低，而且对骨架的制作和安装精度要求高，往往由于加工精度不够，在安装过程中玻璃和骨架弧度不能完全吻合而造成玻璃破碎、炸裂等事故，直接影响了这种形式温室的推广和应用。

中空PC板：保温性能好、雾度高、柔韧性好，可适应弧面形式屋面，但透光率较低，一般低于80%，流滴性和耐老化随配方不同而有差别。早期的PC板材料没有流滴性能，后来改进增加了表面涂层或在内表面共挤一层流滴剂，显著提高了材料的流滴性能。从强度指标看，PC中空板一般可使用5～8年，但从透光率和流滴性的保持能力看，一般透光率在3年左右可能会下降到50%以下（一是因为材料本身老化造成透光率下降；二是由于中空孔隙中积累水分和尘土造成材料透光率下降），而流滴性多只能保持一个种植季，因此，这种材料在日光温室中应用多用于种植对光照强度要求不高的作物。

（2）柔性透光覆盖材料　日光温室上使用的柔性透光覆盖材料主要为塑料薄膜，包括聚氯乙烯（polyvinyl chloride，PVC）膜、聚乙烯（polyethene，PE）膜、乙烯-醋酸乙烯（ethylene-vinylacetatecopolymer，EVA）膜、聚烯烃（polyolefins，PO）膜等。采用柔性塑料薄膜作日光温室采光面的透光围护材料，不仅能适应各种形式的屋面形状，而且透光率高（新的塑料薄膜透光率基本在90%以上）、密封严密、安装方便、成本低，因此，是当前日光温室的主流透光覆盖材料。

塑料薄膜在日光温室上覆盖一般只使用一个种植季节或一年，因此，对材料的耐老化要求不高。虽然近年来由于劳动力成本上升，一些多年使用的塑料薄膜也开始在日光温室中使用，但使用年限多不超过3年。材料的透光性能在多年使用后也开始显著下降，尤其是流滴性，大多只能保持一个种植季节，这也从另一个侧面限制了长寿命塑料薄膜在日光温室中的推广应用。

1.2.3　塑料薄膜的安装和维护

为保持塑料薄膜在温室生产过程中长期的高透光性能，在安装中必须将塑料薄膜绷紧并保持平整；在日常管理中应始终保持塑料薄膜表面干洁、无尘染。

（1）**安装要求**　为提高温室的采光性能，除了要求温室透光覆盖材料自身的光学性能参数满足生产要求外，材料的安装质量也至关重要。光滑平整的温室采光屋面比凹凸皱褶的透光率要高。日光温室塑料薄膜安装时往往在相邻两榀骨架间安装压膜线压紧塑料薄膜，这样做可以保持塑料薄膜平整，但在压膜线压力的作用下，塑料薄膜沿温室长度方向形成温室骨架间的波浪（图1-7a），从而改变了采光面与太阳光线的入射角，整体上会减少温室的采光量。相对而言，用沿温室长度方向的卡槽卡簧固定塑料薄膜可完全绷紧和压平塑料薄膜（图1-7b），避免温室采光面塑料薄膜的波浪，从而也就不会影响温室的采光量。但沿温室长度方向布置的卡槽在屋面坡度较小的地方可能会在下雨天阻水，影响屋面排水，尤其在屋脊部位，应附加薄膜支撑网，防止屋面形成水兜。

a. 采用压膜线固膜的温室　　　　b. 采用卡槽卡簧固膜的温室

图1-7　塑料薄膜不同固膜方式

（2）**日常维护**　我国北方地区风沙多，空气中尘土含量高，日光温室生产要特别注意日常维护，如果不能及时清除温室塑料薄膜表面沉积的灰尘，将会严重影响塑料薄膜的透光性能。

在长杆上缠绕松软的弹布或毛绒，操作人员站在室外每天弹扫塑料薄膜表面灰尘，可有效保持温室采光面的清洁，但这种做法需要操作人员每天作业，劳动强度大，作业时间长。为解决人力作业的问题，有人发明了一种用弹尘带自动清扫温室采光面灰尘的技术，简单、实用。该方法是在温室的屋脊和前底脚之间间隔固定多根具有一定宽度且不张紧的布带（图1-8），在室外风力的作用下吹动布带在温室屋面上左右摆

图1-8 温室采光面设弹尘带

动，在布带摆动的过程中将自动弹除屋面薄膜上的尘土，能始终保持塑料薄膜清洁、透明。这种做法在有风地区非常有效，但在无风地区不适用，而且在布带的两端固定端局部区域布带无法波及，因此存在局部区域无法自洁的问题，尚需要人工辅助清扫。

1.3 温室间距对采光影响

在确定了单栋温室的最佳采光屋面后，在温室园区设计和布局中还要注意栋与栋之间的距离，不能为了节约土地将相邻两栋温室之间的间距设计过小，而使前栋温室成为后栋温室采光的遮挡物。

确定温室前后栋之间的间距应以前栋温室不影响后栋温室采光为原则。丘陵地区可采用阶梯式建造，以缩短温室间距，节约土地资源，但要注意土方平衡，根据坡度的大小确定温室的合理间距；平原地区至少应保证种植季节上午10时的阳光能照射到温室的前底脚，也就是说，温室在光照最弱的时候起码要保证4h以上的连续有效光照，一般应有5～6h的有效光照时间。

1.3.1 平地上建设日光温室的间距

对建设地为平地的生产区，温室间距可按下式进行计算

$$D = H_0 \operatorname{ctg}(h) \cos(r) \tag{1-17}$$

式中：D ——前一栋温室屋脊（或后墙屋檐）至后一栋温室前底脚之间的距离（图1-9），m；

H_0 ——温室屋脊高度（或后墙檐高），m；

h ——当地时间给定时刻的太阳高度角；

r ——太阳光线水平面投影线与温室朝向之间的夹角，是温室朝向 a 和太阳方位角 γ_n 的函数：

$$r = \gamma_n \pm a \qquad (1-18)$$

其中"±"根据温室的朝向和太阳方位确定，按图1-10选取。

上述"当地时间"是区别于我国通用的"北京时间"而言，这里的"当地时间"是以当地正午12时，太阳处于正南方向为基准确定。当地时间与北京时间的关系为：

当地时间＝北京时间－（当地地理经度－120）/15

判断图1-9中D和H_0究竟是采用图1-9a还是图1-9b，依据是看计算时刻的太阳高度角h，如果h大于日光温室的后屋面坡度（这里的后屋面坡度指温室屋脊与后墙檐口上表面最外点连线与水平面的夹角），则后墙檐口为遮光物，D和H_0按图1-9a计算；反之如果h小于后屋面坡度，则温室屋脊为遮光物，D和H_0应按图1-9b计算。

在设计中，取$L_0 = D/H_0$，称为日照间距系数。

对坐北朝南日光温室，日照时间可以12：00为基准，上、下午对称计算。如果生产作物要求光照时间为6h，即当地时间9：00太阳光线必须照到温室前底脚；同理，如果作物要求光照时间为5h，9：30太阳光必须照到温室前底脚；如果光照要求为4h，则在10：00

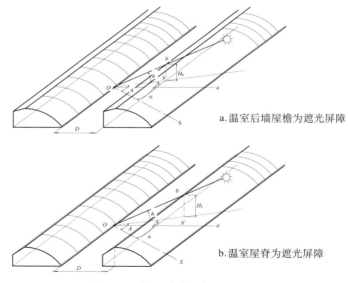

a.温室后墙屋檐为遮光屏障

b.温室屋脊为遮光屏障

图1-9　温室间距确定方法

太阳光线必须照到温室前底脚。根据不同纬度，表1-2分别列出了正南向日光温室的日照间距系数。

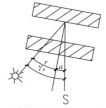 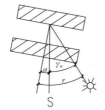 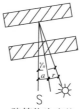 

a.建筑物为南偏西，太阳位于西侧 $r = \gamma_n - a$ b.建筑物为南偏西，太阳位于东侧 $r = \gamma_n + a$ c.建筑物为南偏东，太阳位于东侧 $r = \gamma_n - a$ d.建筑物为南偏东，太阳位于西侧 $r = \gamma_n + a$

图1-10　温室采光和太阳方位与温室朝向的关系

注：图中S表示正南方向；当建筑物为正南方向时，$a = 0$，$r = \gamma_n$。

表1-2　不同纬度正南向日光温室的日照间距系数 L_0

纬度	6h光照	5h光照	4h光照	纬度	6h光照	5h光照	4h光照
30°	1.844	1.643	1.517	40°	2.993	2.561	2.311
31°	1.923	1.709	1.576	41°	3.177	2.699	2.427
32°	2.008	1.780	1.639	42°	3.382	2.850	2.552
33°	2.099	1.855	1.705	43°	3.613	3.018	2.690
34°	2.197	1.935	1.775	44°	3.874	3.204	2.841
35°	2.303	2.021	1.850	45°	4.174	3.413	3.007
36°	2.417	2.112	1.930	46°	4.521	3.647	3.192
37°	2.542	2.211	2.015	47°	4.927	3.914	3.399
38°	2.678	2.318	2.107	48°	5.410	4.220	3.632
39°	2.828	2.434	2.205	49°	5.993	4.574	3.896

说明：表中温室间距指前一栋温室屋脊至后一栋温室前底脚之间的距离，温室之间净距 = 表中温室净距 − 温室后坡投影长度 − 温室北墙厚度。

对于朝向非正南的温室，以12：00为基准，上、下午的采光时间将不相等。偏东建筑上午光照时间长，而下午光照时间短；相反，偏西建筑上午光照时间短而下午光照时间长。计算光照时间应分别计算上午和下午的光照时间，合计后才是一天的光照时间。如日光温室朝向为南偏东，如果要求光照时间为7h，其光照的时段可能有多种选择，如8：30—15：30、8：40—15：40、8：50—15：50等，但必须强调指出的是对南偏东朝向的温室，上午光照起始时刻的光照强度一般应超过室内种植作物的光补偿点；而南偏西温室下午盖被时刻的光照强度也必须达到室内种植作物的光补偿点。所以，对非正南向温室，确定温室间距时一定要考虑自然光照的光照强度，否则提早揭开或延后关闭保温被提早或延后采光将失去意义，而且可能还会给温室的保温和蓄热带来负面影响。

设计中首先根据种植作物对光照的要求和当地的光照资源确定温室的采光时间，然后根据采光时间确定上午或下午对应时刻的太阳高度角和日照间距系数，最后根据温室的后墙高度和屋脊高度确定温室之间的间距。

如果某些作物对光照时间要求更高，如至少要保证6h以上的光照时间，冬至日光照可能无法满足要求，说明这些作物除非人工补光不可能越冬生产，对这些作物的栽培就要越过冬季光照时间最短的时间后再定植。对这些栽培作物的温室，其温室之间的间距也可依照上述方法根据实际生产要求确定，但最长光照时间不会长于当地从日出到日落的时间。

1.3.2 坡地上建设日光温室的间距

坡地上建造温室分向阳坡和背阳坡两种。与平地上建造温室的最大区别是坡地上两栋温室之间的计算高度 H_0 中增加了地面高差。向南坡向时，地面高差为负值，即从 H_0 中减去地面高差，这样有利于缩小温室间距；相反，如果为向北坡向时，地面高差为正值，应加到 H_0 中，这样，温室的间距就必须拉大（图1-11）。日光温室一般顺等高线方向布局，坐北朝南。日光温室最好选择在南坡建造，南坡建造的土地利用率最高。

南坡布局的一种特例是地势高差大，按照上述理论计算温室之间的间距 D 等于或小于0，温室后墙可以直接借用山体（图1-11c），这种温室后墙的保温性能应最好。这种情况下，虽然理论上两栋日光温室之间间距可为零，但实际上温室栋与栋之间至少应留出排水沟尺寸和温室施工安装的空间，一般两栋温室之间的最小间距D应不小于1.00m，其中排水沟宽度应不小于300mm。此外，太陡的山坡上建造日光温室，给水和交通运输也比较困难。实际建设中应结合当地条件，权衡各种因素研究确定。

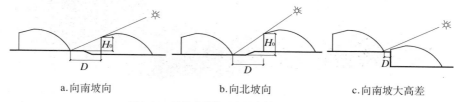

a.向南坡向　　　　　　　　b.向北坡向　　　　　　　c.向南坡大高差

图1-11　坡地上建造日光温室的间距确定

在坡地上建造日光温室的间距也存在温室朝向和温室采光时间的问题，其计算方法与平地上一样，只是在计算温室高度H_0时必须将地面高差考虑进去。地面高差大小与坡地的坡度大小成正比，坡度越大，地面高差越大，反之亦然，不再赘述。

1.4　温室调光与补光

日光温室主要依靠高效采光获得光能来满足作物生长光合作用必要的光照和温度要求。但一方面由于日光温室采光面为弧面，室内光照分布很不均匀，表现为前部高、后部低；另一方面由于局地或短期室外光照强度不足会直接影响温室内作物采光和热量。为了保证温室内种植作物光照的均匀性而采取的措施，称为调光；为了弥补光照强度不足而采取的措施，称为补光。日光温室常用的调光措施主要是在温室后墙表面张挂反光幕，补光措施是安装补光灯。

1.4.1　反射幕调光

针对日光温室室内光照沿跨度方向南部高、北部低的问题，工程设计或日常管理中常用的做法是用温室后墙表面反光，将照射到温室后墙的直射光反射到温室北部的作物种植区，通过弥补北部区域光照不足来提高室内光照的整体均匀度。

日光温室后墙表面反光常用的做法是在后墙面张挂反光幕。铝箔表面反光率高，是日光温室生产中第一选择的材料，但由于其造价相对较高，有的生产者也采用塑料薄膜或其他白色的反光幕布，有的甚至直接将后墙用白灰刷白用于反光（图1-12），虽然反光的效果不及铝箔，但造价低廉，也具有一定的反光性能。

a.石灰浆刷白　　　　　　b.塑料薄膜　　　　　　c.白色反光幕布

图1-12　后墙反光材料

反光幕在温室后墙上可以全后墙张挂，也可以视种植作物的高度张挂在墙面的中上部或中下部局部区域。一般种植如草莓、叶菜等低矮作物时，可将反光幕张挂在后墙中下部，而种植番茄、黄瓜等高秧作物时因墙面下部光照被作物遮挡，反光幕大都张挂在后墙的中上部。

在日光温室后墙张挂反光幕，除了可反射照射到后墙的直射光，补充温室靠后墙区域种植作物光照不足外，还可以保护和美化后墙墙面，尤其是对于干打垒土墙或机打土墙，更可防止墙面吸潮粉蚀或剥落。

对于以后墙为主被动储放热体的日光温室，后墙除了承重和围护之外，重要的一个功能是白天吸收照射在墙面上的光照并将其转化为热能储存在墙体内，到了夜晚当室内温度下降后再将白天储存在墙体内的热量释放出来补充温室的散热并保持室内作物生长的最低温度要求。由此可以看出，照射在温室后墙的光具有光、热两重用途，但有限的光资源又难以同时满足反射补光和吸收储热的双重要求，因此，对于大部分以后墙为被动储放热体或以后墙表面主动吸热的温室，为了保证温室的温度而不惜舍弃对光照的调节，所以往往不能在后墙张挂反光幕，只有在温室另外配置主动加温系统或温室不采用后墙储热时才可张挂反光幕用于提高温室作物光照的均匀度。

1.4.2　补光灯补光

正常条件下，由于运行成本高，日光温室建设和运行基本不配置补光灯补光设备。在一些高纬度建设的温室，冬季运行自然光照的强度和时间本身就不能满足作物光合作用的要求，为保证安全生产必须配备补光灯补光；对一些低纬度地区的温室，虽然自然光照的时间足够，但由于冬季局地连阴天数多或雾霾严重，也会造成温室内作物生长的光照强度和光照时间持续多日不足，为保证作物的正常生长可以配置补光灯补光设备，在需要的季节或时段进行临时补光；对于种植经济价值较高作物，为了进一步提高产量和品质，经过经济效益分析后认为产出效益远高于补光成本，而且又能获得如峰谷电价、政策性补贴等优惠条件时也可选配补光灯。

补光灯补光，就是按照作物正常生长发育对光照强度和光照时间的要求，在自然光照的基础上，通过补光灯补光实现作物优质高产的技术措施。补光灯补光包括补光光源、补光控制。日光温室常用的补光灯主要有卤钨灯、高压钠灯、LED 灯和生物灯，有条件的温室也用沼气灯补光。补光控制的策略包括：①提早补光，即在早晨揭帘之前先期打开补光灯，但由于这段时间同时也是温室内温度最低的时段，光合作用的效率较低；②延后补光，即在下午保温被覆盖后开灯补光，这段时间室内温度较高，补光的效果较提早补光好；③与自然光重叠补光，即在早晨揭开保温被之后或下午覆盖保温被之前的一段时间，由于室外光照强度较低，通过人工补光提高作物光照强度，可显著提高作物的光合作用效率，尤其早上的补光效率比下午还高；④夜间补光，实际上是光周期补光，即将漫长的黑夜打断，这对一些叶菜类作物或光敏性作物尤其有效。具体应用中可根据种植作物的生物学要求和光合习性，结合补光的经济性合理选择使用。这里重点介绍各种补光灯灯具及其特点。

（1）卤钨灯　是在灯泡或灯管中充以少量的卤族元素（如碘或溴）的蒸气制成。卤中钨丝在高温下蒸发形成碘化钨或溴化钨，蒸气中的卤化钨会在钨丝上沉积，从而防止玻壳黑化，并在整个使用期间保持光输出不变，相比白炽灯，其使用寿命可延长 1 倍多。在温室补光中最常用的卤钨灯是抛物线状灯泡（图 1-13a），带反光板，灯泡寿命2 000h，最大功率可达1 500W。在温室中使用是点状光源，按照一定的间距吊挂布置在温室骨架上，要求高于作物冠层0.5m以上（图1-13b）。这种补光灯的输出光效比其他光源低，所以用于温室补光逐渐被其他新近开发的光源所替代。

a.卤钨灯灯头　　　　　　　　b.卤钨灯应用

图1-13　卤钨灯及其应用

（2）**高压钠灯**　类似金属卤化物灯，属于高强度气体放电灯（图1-14a）。不同之处在于高压钠灯灯泡内填充的是高压钠蒸气，此外还添加少量水银和氙等金属卤化物用以帮助起辉。灯泡通电后，电弧管两端电极之间产生电弧，由于电弧的高温作用，使管内的钠受热蒸发形成钠蒸气，电流通过高温高压钠蒸气后放电而发光。这种灯具有极高的光效，新型陶瓷弧形灯管的使用寿命高达20 000h，是目前连栋温室中最常用的人工补光光源之一，日光温室中使用也选择同样规格的灯具。温室中使用主要用400W和1 000W两种规格灯具，且1 000W比400W的性价比更高。

高压钠灯功率大，发光光照强度强，同时发热量也大，在温室中使用必须远离作物冠层，以免灼伤作物叶面。在日光温室中一般将其安装在靠近屋脊的位置（图1-14b），对于跨度大、温室前部

a.高压钠灯　　　　　b.高压钠灯独立使用　　　　c.高压钠灯与卤钨灯混合使用

图1-14　高压钠灯及应用

比较低矮的温室，可采用高压钠灯与卤钨灯混合布置的形式（图1-14c），一是保证作物采光均匀，二是减小作物冠层的热辐射。

（3）LED灯　实际上是发光二极管。其特点是发光光质为单色光，发光效率高。温室补光可根据作物光合作用需要的光谱进行配置。作物光合作用高效的光合光谱为680nm的红光和480nm的蓝光，所以最有效的LED灯是这两种光谱二极管的组合。但由于这两种光对人眼的刺激比较强烈，因此，在后来的配光中增加绿黄光，多种光谱组合下近似白光，在保证作物高效光合作用的前提下尽量适合人眼观测。

实际应用的LED补光灯就是将一组不同光谱的LED发光二极管组合在一起形成的光源。根据对发光二极管的组装方式不同，可将LED补光灯分为灯泡式（图1-15a）、灯盘式（图1-15b）和线管式（图1-15c）。灯泡式和灯盘式LED灯均为点光源，而线管式LED灯为线光源（实际上为一组点光源安装在一根管上组成），由此在温室中安装和应用的布置形式将有较大的差别。

a.灯泡式LED灯　　　　b.灯盘式LED灯　　　　c.线管式LED灯

图1-15　LED灯的形式

点光源，一般沿日光温室的跨度方向布置2～3列（图1-16a、b），沿温室长度方向的布置间距一般为3m左右，而线光源则是将光源布置在温室跨度的中部，长度方向与温室跨度方向一致（图1-16c）。

LED灯由于光效高、发热量小，光源可贴近作物冠层布置，甚至还可以将光源布置在植株下部或内部。这种灯具布置方式要求的灯具多，也影响日常作业，在连栋温室中有应用，但在日光温室中应用较少。

a.灯泡式LED灯

b.灯盘式LED灯

c.线管式LED灯

图1-16 LED灯的应用

（4）生物灯 是一种发光光谱接近作物光合作用最大吸收光谱的灯具（图1-17a）。这种灯具补光的光效更高，发热量很低，是一种冷光源灯，在温室中布置可接近作物的冠层。但大量的布置方式还是和上述点状光源一样沿温室跨度方向多列布置（图1-17b）。

a.灯头

b.在日光温室中的应用

图1-17 生物灯及其应用

从节约能源或能源高效利用的角度考虑，生物灯应该是未来温室补光的主流灯具。但目前由于造价偏高，灯具使用寿命不及高压钠灯，此外，发光量随使用时间衰减明显，在温室中使用还未普及。

（5）沼气灯 就是通过点燃沼气，利用沼气火苗发出的光亮向室内作物补光。沼气灯补光的设施首先是沼气池。在温室中建造地下沼气池（图1-18a），将作物生产过程中产生的尾菜、烂果、黄叶、病株等植物性废弃物配以适当的牛粪或猪粪等动物粪便在沼气池中发酵产生沼气。沼气通过管道输送到沼气灯（1-18b）。使用时只要点燃沼气，既能产生光亮，又能产生热量，尤其适合在温室早晚时段补光，在补光的同时还能给温室补充热量。沼气发酵的沼液和沼渣还可用于温室作物的有机肥，沼渣可以一次性施入底肥，沼液可以随灌溉并入追肥。

由于沼气在管路输送的过程中可能有冷凝水凝结，所以在输送管道布置中应设置一定的坡度，并分段安装集水和排水装置。此外，沼气中还有如硫化氢等硫化物的有害气体成分，在进入沼气灯之前应在管路上设置除硫设备（图1-18c），以保证系统的安全运行。

沼气灯同样是点状光源，在温室中布置也是沿温室跨度方向分2～3列布置。

a.沼气池及管路　　　　b.沼气灯及管路　　　　c.脱硫器

图1-18　沼气灯及沼气管路

2 温室通风

通风是温室进行室内外空气交换的过程。通风可以引进室外新鲜空气，排出室内污浊空气，达到降低室内空气温度和湿度、排出室内水汽、引进室外CO_2的目的。

温室通风有自然通风和风机通风两种形式。自然通风是依靠室内外风压差或热压差为动力形成的室内外空气交换，风机通风则是依靠风机动力产生室内外空气压差而形成的室内外空气交换。自然通风不依靠动力输入，是一种最经济的通风方式，温室通风中应优先使用，为此，温室基本都设置通风窗进行自然通风。日光温室只有在配套湿帘降温系统时才配套风机通风。相关湿帘风机降温的技术与设备在第4章温室降温部分内容中详细介绍，本章内容集中介绍温室自然通风技术与设备。

2.1 温室自然通风原理

按照通风原理，自然通风分为风压通风和热压通风两种形式。两种通风方式根据室内外环境条件，或独立运行，或联合运行，但实际运行中往往很难将两者准确区分开来。

（1）风压通风 是利用室外空气运动形成的"风"使温室迎风面空气压力增大、背风面空气压力减小，从而造成室内外空气压力差，在这种压力差的驱动下，室内空气通过通风口排到室外，同时将室外新鲜空气引入室内，达到温室通风换气的目的。室外风力和温室通风口面积越大，温室通风换气量也就越大。

（2）热压通风 是依靠室内外空气的密度差，室内热空气密度小向上运动通过通风口"逸出"室内；室外冷空气密度大，依靠重力作用向下"沉降"通过通风口"掉入"室内，两者相互交换达到温室通风换气的目的。室内外空气温差越大，热压通风的能力就越强。热压通风可以在一个通风口完成，也可以在不同高度的多个通风口完成。高度不同的通风口联合通风时，低位通风口为进风口，高位通风口为出风口。通风口之间高差越大，热压通风的能力越强。

由此可见，发生自然通风的必要条件包括室外风速、室内外空气温差和温室的通风口三个主要因素（其中，通风口因素包括通风口面积、通风口之间的高差以及影响通风口阻力大小的通风口形状）。室外风速影响风压通风的能力，室内外空气温差影响热压通风的强度（两者的大小取决于随机变化的室外条件）；而温室通风口则是发生两种通风的基础条件（也是温室设计和建设中可以人为控制的条件），温室只有设置通风口自然通风才得以有条件完成，因此，通风口设置的合理与否直接影响温室自然通风的能力和效果，是日光温室设计中应该重点考虑和关注的设计要素。

2.2 温室通风口设置

通风口大小和通风口的位置是影响温室自然通风能力的两个主要参数。一般情况下，通风口面积越大，自然通风的能力就越强，但两者并非直线关系，而是近似抛物线关系；进风口和排风口的位置高差越大，自然通风（主要为热压通风）的强度也就越强，两者近似直线关系。

日光温室自然通风口设置的位置一般在温室后墙中部、前屋面和温室屋脊3个部位，但近年来随着采光后屋面温室的兴起，温室后屋面也开始设置通风口。温室通风口设置可以是上述一个部位（主要在温室屋脊部位），也可以是多个部位设置通风口联合通风。通风口的形式可以是间隔设置的独立通风口，也可以是沿温室长度方向通长设置的孔口式通风口。

2.2.1 前屋面通风口

（1）前屋面通风口分类及特点 日光温室前屋面上的通风口，按照通风口位置不同可分为底脚通风口和前屋面通风口；按照通风口的形式不同可分为通长的孔口式通风口（图2-1）和分布的独立式通风口。底脚通风口的下沿设置在温室前屋面（采光面）基础上表面（图2-1a），而前屋面通风口的上下沿则均设置在温室采光屋面上，且其下部为一幅永久固定的塑料薄膜（图2-1b、c）。底脚通风口基本都是通长的孔口式通风口，而分布的独立式通风口肯定都是屋面通风口。屋面通风口根据其在温室采光面上的位置不同可分为前部通风口和中部（腰部）通风口，分布的独立式通风口基本都是前部通风口。利用前屋面底脚通风口进行的通风称为底脚风，利用前屋面中部通风口进行的通风称为腰风。前屋面通风口一般设置1道，但也可以在不同高度设置2道，根据不同季节的通风需要分别控制启闭。

a.底脚通风口　　　　　b.前部通风口　　　　　c.腰部通风口

图2-1　温室前屋面通长的孔口式通风口

通风口设置在前屋面底部，与屋脊通风口形成的高差最大，热压通风的能力最强，但由于冷风从底脚进入温室会直接吹袭室内栽培作物，所以在寒冷地区或其他地区的寒冷季节基本不采用这种方式，或者甚至不设置前屋面通风口。对设置底脚通风口的温室一般在室内要附加设置一道导风的防护膜，将进入温室的冷空气导流到温室中部，避免直接吹袭前部作物。

前屋面中部通风口可以有效避免室外冷空气直接侵袭室内作物，但由于通风口与屋脊通风口之间高差较小，相对热压通风的通风量也较小。为解决春秋季节通风量不足的问题，生产中多采用加大通风口面积的做法。

（2）孔口式通风口　是沿温室长度方向通长开口。对于屋面通风口，其上下沿均用卡槽和卡簧固定塑料薄膜而形成（图2-1b），但覆盖孔口的塑料薄膜则要盖过孔口下沿并与孔口下部固定塑料薄膜形成搭接，以保证通风口在关闭时密封。对于底脚通风口，其上沿可用与屋面通风口相同的卡槽卡簧固定，也可以不做任何固定（图2-1a），上沿不固定时通风口也随之成为可变孔口，其大小可根据室内通风的要求或操作者的意愿随机调整。通风口关闭后，对封闭通风口塑料薄膜的固定主要依靠压膜线来实现。

采用卡槽卡簧固定塑料薄膜形成的通风口上下沿，孔口平直，外观美观，但由于卡槽布置方向与屋面雨水的水流方向相垂直，卡槽往往成为屋面水流的阻水挡杆，尤其对于屋面坡度较小的腰部通风口，阻水的效果更显著。夏季塑料薄膜松弛时，如果天气下雨，卡槽阻水往往会在温室屋面上形成水兜，为此，在设置卡槽固定通风口上下沿时应在卡槽阻水位置的一定范围内设置防兜水的支撑网。

（3）独立式通风口 对于冬季比较寒冷的地区，为减少温室的通风量（主要是为了减少温室散热），大量温室不设前屋面通风口，或者分散设置孔口面积较小的独立式通风口。独立式通风口，按照通风口形状可分为圆形通风口和方形通风口。其中，圆形通风口又根据其能否关闭分为敞口型通风口和可封闭通风口。

1）敞口型圆形通风口 对于不设置前屋面通风口的温室，到了春季室外温度稳定后，为了提高温室的通风能力，生产管理者用剪刀在前屋面距离地面0.5～1m高的位置沿温室长度方向均匀地裁出圆洞通风口，直径一般为20cm左右（图2-2）。该通风口结合屋脊通风口可显著增强温室的通风降温能力。随着室外温度的不断升高，一可以加密通风口，二可以加大通风口的直径，由此可进一步增强温室的通风能力。但由于该通风口没有闭合措施，在下雨和刮风的天气，无法控制向室内的流水和倒风，所以，这是一种不尽完善的通风方式。由于通风口剪开后实际上也破坏了塑料薄膜，所以塑料薄膜一般只能使用一季，到了秋季就必须更换塑料薄膜。这样做，虽然浪费了塑料薄膜，但可以保持塑料薄膜的透光性和流滴性，有利于温室的采光和保温，应该是一种值得提倡的做法。为了降低更换塑料薄膜的成本，在选用塑料薄膜时可选择厚度较薄的薄膜，在一定程度上也能节约投资。此外，温室前屋面通风无需增加任何操作和管理设备，日常管理也不需要任何操作，尽管有环境控制不精准的缺陷，对于粗放的日光温室管理，基本能够满足生产需要，是一种廉价、简便的生产模式。

a.洞口位置及分布　　　　　　　b.洞口大样

图2-2　日光温室前屋面裁剪塑料薄膜形成的敞口型圆孔洞通风口

2）可封闭圆形通风口　为了弥补敞口型通风口无法封闭的缺陷，防止下雨天雨水进入温室或者刮风天冷风倒灌进温室，同时增强对屋面开洞通风口通风的控制，可在温室屋面一次性开设直径较大的洞口（图2-3），并在洞口外左右两侧粘贴两条透明的塑料薄膜带（仅在上下两端粘贴固定），两条塑料薄膜带内设置一块能够完全覆盖洞口的透明塑料薄膜，上部与棚膜粘贴固定，下部缠绕一根竹签或钢筋卷杆，并将缠绕塑料薄膜的卷杆掖入洞口两侧的固定塑料薄膜带中（图2-3a）。手动上卷卷杆缠绕封口塑料薄膜可打开洞口通风，下卷卷杆展开封口塑料薄膜可关闭洞口（图2-3b），由此实现对通风及通风量大小的控制。这种通风口控制方式不仅可用于温暖季节温室通风，而且还可应用到寒冷地区冬季温室的通风，排除温室内的高湿空气。但这种通风也有明显的缺点：①开启或关闭通风口花费的时间较长；②通风调控的精度不高，均匀性较差，时效性不

a.通风口打开状态　　　　　　　b.通风口关闭状态

图2-3　日光温室前屋面可封闭圆形孔洞式通风口

强；③对通风口的密封要求也较高。因此，这种通风方式实际生产中应用较少，仅在我国东北寒冷地区日光温室发展早期有应用。

3）方形通风口　圆形通风口是通过裁剪温室透光覆盖材料而形成，裁剪通风口直接破坏了塑料薄膜，致使其无法跨年度使用，对于多年使用的长寿薄膜显然很不经济。为此，采用永久型的方形（可以是矩形或正方形）通风口，可实现"一劳永逸"（图2-4）。方孔孔口的四边用卡槽做边框，孔口外的塑料薄膜可用卡丝固定在卡槽内，封闭孔口的窗扇可用塑料薄膜或透光硬质塑料板（如中空PC板）。为避免窗扇影响屋面保温被卷放，窗口开启一般内翻窗。这样做可能会影响室内的操作空间，但因为通风口的位置较低，温室前部空间本身就低矮，高秧作物无法种植，因此，在实际生产中这种开窗方式基本也不会影响温室种植，且采用内翻窗还可以阻挡和导流室外冷空气，不致冷风直接吹袭温室作物。

图2-4　日光温室前屋面方形通风口

2.2.2　屋脊通风口

屋脊通风口就是设置在温室屋脊附近的通风口。严格地讲，日光温室屋脊通风口都是设置在温室前屋面上，和前述前屋面通风口一样也应是一种前屋面通风口，只是由于其靠近屋脊，为区分其他通风口，特将其定名为屋脊通风口。

屋脊通风口，由于在日光温室中位置最高，热压通风的效果最好，因此是日光温室热压通风最基本的通风口。在没有其他通风口配合的情况下，它能够单独形成进、出风口，进行温室自然通风，所以，日光温室通风一般都离不开屋脊通风口，大部分情况下也是日光温室的标配通风口。

和前屋面通风口一样，日光温室屋脊通风口也分为沿屋脊通长设置的孔口式通风口和沿温室长度方向分散布置的独立通风口两种类型。

（1）孔口式屋脊通风口　和前屋面孔口式通风口一样，孔口式屋脊通风口也是沿温室长度方向通长设置的通风口（图2-5），所不

图2-5 沿温室长度方向通长设置的屋脊通风口

同的只是设置位置的不同。通风口的宽度一般为1m左右，最大不超过1.5m，最小也不宜小于0.5m。由于保温被卷放在温室屋顶时要占用一定空间，同时方便塑料薄膜和保温被的安装和保证塑料薄膜安装的密封性，一般通风口的上沿应离开温室屋脊1.0m左右的距离，运行管理中保温被应能够卷过通风口的上沿。

但如果屋脊通风口的上沿不固定，控制通风口大小的塑料薄膜是从屋脊位置直接伸出的一幅膜，则通风口的下沿位置就是控制通风口大小的主要参数。按照上述通风口设置位置的原则，通风口下沿距离温室屋脊的位置应包含卷放保温被的宽度和通风口的宽度，一般应在距离屋脊2.0m左右的位置。

日光温室屋脊处屋面一般坡度都较小，为避免通风口处塑料薄膜兜水，应在通风口处安装防水兜的支撑网，或增加支撑杆密度。此外，为防止室外害虫进入温室或防止室内益虫逃逸温室，在温室通风口还应安装适宜目数的防虫网。

（2）独立式屋脊通风口　除了沿温室长度方向通长的通风口外，和前屋面通风口一样，对于冬季比较寒冷的地区，为减少温室的通风量，日光温室屋脊通风口也可以采用间隔布置的分布式独立通风口，包括圆形孔洞通风口（图2-6a）、通风帽通风口（图2-6b）和方形通风口（图2-6c）等。

a.圆形孔洞通风口　　　　b.通风帽　　　　c.方形通风口

图2-6 独立的分布式屋脊通风口

①圆形孔洞通风口。和前屋面孔洞通风口一样，屋脊孔洞通风口也是直接在塑料薄膜上裁切圆孔后形成。所不同的是屋脊孔洞通风口可通过控制保温被的卷放位置来控制通风口的通风量。为此，通风口的位置应在满足放置保温被卷空间的条件下尽量靠近温室屋脊：一是通风口位置越高，温室的通风量越大；二是刮风下雨天保温被遮盖通风口后可最大限度减小保温被在温室屋面的遮光。

②屋脊通风帽。屋脊通风帽是在孔洞通风口的边沿焊接一个圆柱形风筒。风筒采用与温室采光面覆盖的塑料薄膜相同材料，风筒直径略小于通风口直径，风筒高度可为0.5～1.0m。风筒的外侧边沿穿一根钢筋圆环（风筒塑料薄膜包裹钢筋圆环后焊合成形），在钢筋圆环上焊接两根圆环平面内相互垂直的钢筋，在两根钢筋的交叉点（即圆环圆心）连接一根通向温室室内的竹竿（称为操作杆，图2-7a），即形成完整的通风帽及其操作系统。

需要关闭通风口时，将通风帽下拉到室内同时转动操作杆，将通风帽像扎口袋口一样收拢并旋紧（图2-7b）即可；需要打开通风口时，反方向旋转操作杆，松开通风帽并将其顶出室外，同时将操作杆勾挂于设置在温室内通风帽下部沿温室长度方向通长的一根钢丝上（图2-7c），从而牢固固定通风帽，实现温室通风（图2-7d）。

  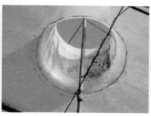 

a.结构形式　　　b.关闭状态　　　c.打开状态（室内）　　　d.打开状态
（室外）

图2-7　屋脊通风帽机构与运行状态

通风帽通风，由于通风帽提高了温室出风口的高度，相应也将会增大温室自然通风的热压通风能力，而且通风帽通风主要以热压通风为主，室外冷风几乎不能通过通风帽倒灌进温室。此外，通风帽为柔性塑料薄膜制成，在刮风条件下自身具有较大的柔韧性，风力作用基本不会影响温室的热压通风，通风口的大小可通过操作杆来掌控。因此，这种通风形式非常适合在严寒且风力较大的地区使用。

③方形通风口。和前屋面方形通风口一样，屋脊方形通风口也可以是矩形或正方形。为了防止下雨天雨水进入温室，方形屋脊通风窗一般都做成上悬外翻窗（图2-6c）。由于我国北方地区冬春季节大都以西北风为主导风向，屋脊上悬外翻窗还可以导流北风，增强室外风力在温室屋面的负压，从而加强温室的通风，且不会形成冷风倒灌。但这种开窗方式由于窗框和窗扇都是硬质材料，常会出现窗框阻水的问题，造成屋面塑料薄膜兜水，运行管理中应注意观察，尽量避免屋面兜水造成薄膜损坏甚至压塌温室的事故发生。

2.2.3 后屋面通风口

传统的日光温室后屋面为保温屋面，一般后屋面不开窗。但也有的温室可能不设屋脊通风，而用后屋面通风来替代屋脊通风，或是为增加温室通风的多样性和灵活性，在不同的季节或不同的天气条件下按照不同的通风量要求使用不同的通风口而设置后屋面通风口。此外，随着后屋面建筑材料的改进以及后屋面采光的需求，传统的后屋面不开窗的设计理念也已经被突破。因此，日光温室后屋面开窗也开始在生产实践中被大量使用。

日光温室后屋面通风口的设置方式与后屋面的建筑做法有直接的关系。传统的松散土建材料保温后屋面和刚性材料保温后屋面温室，后屋面通风口基本都采用分散的独立通风口，而现代的柔性保温被做后屋面保温的温室，则可采用沿温室长度方向通长的孔口式通风口。

（1）土建保温后屋面通风口　土建保温后屋面一般指后屋面保温材料用松散的珍珠岩、陶粒、土等无机材料和草秸等有机材料做保温的后屋面。保温材料为松散体，保温屋面一般应有支撑保温材料的承力层和保护保温材料的防水层等多层结构组成。这种屋面建筑做法在我国日光温室发展的早期比较常见。在这种形式的屋面上设置通风口一般都采用陶土瓦管，直立埋设在温室后屋面（图2-8），瓦管的一端在温室内，另一端在温室外，形成穿透温室后屋面的通风口。

瓦管的端头有两种处理方式：一种是端头不接任何管件，称为直通瓦管（图2-8a）；另一种是在端头接一个三通管，称为三通瓦管（图2-8b）。

a.直通瓦管   b.三通瓦管

图2-8   后屋面瓦管通风口

直通瓦管通风阻力小，温室通风效率高，但冷风进入温室后可能会直吹靠近后墙的作物根部，采用三通瓦管后则可以将室外冷风导流到沿温室走道的方向运动，在气流运动的过程中不断预热，从而可有效避免冷风直吹作物造成作物病害。

三通管可以安装在通风管的室内端，也可以安装在室外端。安装在室内端可以导流室外冷空气，安装在室外端可以避免雨水直接落入温室。

（2）彩钢板保温后屋面通风窗   为减轻温室后屋面的重量并增强其保温性能，近年来日光温室后屋面的改进做法大都采用刚性的彩钢板或挤塑板，厚度一般为10～20cm。如果保温性能不够，有的温室还在保温板的外侧再增加覆盖一层柔性保温被，春季室外温度稳定后可将柔性保温被卷起或拆除。

在刚性的彩钢板后屋面上开设通风口，一般的做法都是设通风窗，其中窗扇采用与后屋面保温板相同的材料，以避免通风口出现冷桥。

后屋面通风窗一般都是矩形，宽度在1m左右，可以是分散独立的通风窗，也可以是连续的通风窗，相应窗口的长度可从1m到十几米，甚至20多米不等（图2-9）。窗口面积越大，温室的通风能力越强；窗口的长度越长，温室内通风越均匀。

a.短窗　　　　　　　　b.中长窗　　　　　　　　c.长窗

图2-9　不同长度彩钢板后屋面通风窗

　　温室后屋面彩钢板窗扇的开启方式也有多种，大部分为上悬外翻窗（图2-10a），但也有的温室采用下悬外翻窗（图2-10b）或窗扇上下启闭的提拉窗（图2-10c）。

a.上悬外翻窗　　　　　　b.下悬外翻窗　　　　　　c.外贴提拉窗

图2-10　彩钢板后屋面窗的启闭方式

　　下悬外翻窗可阻挡室外冷空气直接吹进温室，但会使室外降雨或降雪直接落入温室，为此，需要在窗口上部设置屋面挑檐或雨棚，但这会增加温室建设成本。提拉窗窗口的孔口面积最大，通风阻力最小，在相同窗扇面积的条件下是上述3种开窗类型中通风量最大的一种开窗形式，窗口垂直地面开启，也能阻挡雨雪天大部分雨雪直接进入温室（在刮风条件下可能有雨雪飘入温室），但这种开窗方式温室的屋脊在后墙上，相应增大了温室栋与栋之间的间距，不利于提高温室建设的土地利用率。

　　（3）活动保温后屋面通风窗　　最新的日光温室发展技术是将传统的永久固定式保温后屋面改造为活动保温后屋面，温室后屋面一般由内层透光塑料薄膜和外层柔性保温被组成。冬季需要保温时，塑料薄膜和保温被全覆盖，温室后屋面保温；度过寒冷季节后，可在白天温度适宜时将保温被卷起，只覆盖塑料薄膜，这种状态下，温室后屋面成为可透光的采光面，不仅增大了温室内的光照强度，而且使温室内沿跨度方向光照的均匀度大大提高，由此可显著提高温室生产作物的产量和品质。

当保温被卷起，温室后屋面覆盖塑料薄膜采光时，在室内温度较高时段，为提高温室的通风能力，可将后屋面塑料薄膜卷起，形成沿温室长度方向通长的孔口式通风口（图2-11），与前屋面通风口联合通风，可形成沿温室跨度方向的"穿堂风"，不仅通风均匀，而且通风效率高，尤其在高温季节，这种通风窗的通风效果甚至比屋脊窗还好，因此，对于周年生产的日光温室，这种通风窗更具有优越的通风效果。

a.外景   b.内景

图2-11 活动保温后屋面通风窗

2.2.4 后墙通风口

和后屋面开窗一样，大部分日光温室后墙不开窗，尤其是后墙厚度较厚的土墙温室和石墙温室，由于开窗的成本较高，这类温室后墙基本不开窗。因此，后墙开设通风口的温室主要集中在砖墙温室上，近年开发的一些柔性保温墙体温室也有后墙开窗的案例。

后墙通风口和前屋面通风口在风压通风时可分别形成进风口和出风口，造成温室内沿跨度方向的横向"穿堂风"，通风强度大，通风效果好，但冬季通风可能因通风强度过大或冷风直接吹袭作物，容易引起作物冻伤。我国北方地区建造日光温室冬季运行多为西北风，所以，一般冬季后墙通风口基本处于封闭状态，待到春秋季节温度适宜时才打开使用。此外，后墙通风口和前屋面通风口也可配合屋脊通风口进行热压或风压通风，热压通风时两者均为进风口，风压通风时一般迎风面通风口为进风口，其他两个通风口为出风口。与屋脊窗联合通风时如果没有前屋面通风口的参与，屋脊通风口和墙面通风口的联合通风可能会造成温室内通风严重不均匀的问题。

在温室后墙上的通风口，按照孔口的形状不同可分为圆孔通风口、方孔通风口和沿温室后墙通长方向开设的通孔通风口3类。其中，方孔通风口根据孔口的长宽比不同分为正方形通风口（长宽比接近1∶1）和长方形通风口（长宽比在2∶1以上），又称为方形通风口；通孔通风口应该是方形通风口中长度最长的通风口。

后墙通风口一般设置在后墙距离室内地面1m高的位置，间距一般为3m，每个通风口的面积多在0.2m² 左右。

（1）圆孔通风口　和后屋面的圆孔形通风口一样，后墙圆孔通风口一般也是用陶土瓦管或塑料管直接砌筑在后墙中而形成（图2-12）。陶土瓦管的直径一般比塑料管的直径大，所以，温室后墙采用陶土瓦管制作通风口时，一般在后墙同一高度设置一排通风口（图2-12a、b）；而用塑料管制作通风口时，经常需要在后墙不同的高度设置2排通风口（图2-12c）。

通风口设置的位置不宜过低，一般应距离室内地面1.0m以上，主要是防止"扫地风"侵袭作物根部。为了减小从后墙通风口的冷风侵袭，有的生产者提出后墙通风口应按外低内高倾斜的方法设置，这样从室外进入温室的冷空气将被引流到室内更高的空间，与室内热空气混合预热后再进入温室的作物生长区。从理论上讲，这非常符合流体力学运动原理，但从工程建造看，由于倾斜通风管要横穿多层砖，墙体砌筑费时费力，因此，实践中大部分的后墙通风口还是垂直后墙高度设置。

a.陶土管单孔（室外）　　　b.陶土管单孔（室内）　　　c.塑料管双层孔

图2-12　后墙上的圆孔通风口

为提高后墙通风的均匀性，除了增加通风口的密度外，还可设置2层通风口，并将上下2层通风口在墙体长度方向错位设置（图2-12c）。这种做法不仅增加了温室通风的均匀性，而且也翻倍增加了温室的通风量，是一种更高效的通风方式。

（2）方形通风口　方形通风口一般孔口的长宽基本相当。方形通风口在温室后墙一般只设置1排。根据通风口在后墙高度方向的设置位置不同，分为低窗、中窗和高窗，分别设置在后墙的下部、中部和上部（图2-13）。从风压通风的效果看，只要通风口面积相同，通风口设置位置的高度基本不会影响温室"穿堂风"的通风能力，但从热压通风看，与屋脊通风口联合通风时，墙体通风口位置越低，热压通风的能力就越强。综合通风效果和防止冷风吹袭作物两方面的因素，大部分温室后墙通风口都设置在后墙的中部。

a.低窗　　　　　　　　　b.中窗　　　　　　　　　c.高窗

图2-13　后墙上方形窗及其设置位置

除了方形的墙面通风口外，有的温室采用长方形通风口（图2-14）。从长方形孔口设置的方向看，有孔口长边与温室长度方向一致的水平长孔（图2-14a），有孔口长边与温室高度方向一致的竖直长孔（图2-14b），还有将上述水平长孔和竖直长孔间隔设置的混合窗口（图2-14c）。

长方形孔口，按照孔口射流原理，孔口风速大，进风的射流距离长，因此温室的通风效果要比相同通风口面积的方形通风口更高；从通风均匀性的角度分析，水平长孔相对进风均匀，比竖直长孔的通风效果要好，因此，在条件允许的情况下，一般后墙设置长方形通风口时，应设置为水平长孔通风口，但竖直长孔可以通过封堵孔口部分面积获得不同孔口高度的通风。在冬季寒冷季节封堵下部通风口可避免冷风直接吹袭作物；而到了春秋和夏季，封堵上部窗口可增强温室的热压通风能力，全部开启窗口时风压通风也具有较强的射流作用。

a.水平长孔　　　　　　　　b.竖直长孔　　　　　c.横竖长孔交错布置

图2-14　后墙上的长孔通风口

不论是方形通风口还是长形通风口，密封通风口和控制通风口风量均设置窗框和窗扇，窗框将通风口与墙体牢固连接并密封，通过启闭窗扇来控制通风及通风量。

根据窗扇开启的方式，后墙上方形窗可分为推拉窗（图2-15a）、内开平开窗（图2-15b）、外开平开窗（图2-15c）、外开上悬窗（图2-15d）和内开上悬窗（图2-15e）等多种形式，也有不设窗扇的通风窗，窗户冬季用保温材料封闭，夏季则完全敞开（图2-15f）。

a.推拉窗　　　　　　　　b.内开平开窗　　　　　c.外开平开窗

d.外开上悬窗　　　　　　e.内开上悬窗　　　　　f.无窗扇窗

图2-15　后墙上方形窗开启方式

推拉窗有效通风口面积最小，只能达到窗口总面积的一半，从通风的角度讲是一种不经济的通风方式，但这种通风窗开窗不占用室内外空间。平开窗和上悬窗，当窗扇完全打开时（窗扇与墙面呈90°以上），有效通风口面积就是100%的通风口面积，外开通风窗不占用室内作业空间，但内开通风窗具有导流的作用，从避免冷风侵袭的角度分析，内开下悬窗的导流效果应该最好，可以将室外冷空气向上导流与室内热空气混合后进入作物区，不会给作物带来冷刺激，但或许是开窗不方便或者其他原因，实际生产中这种开窗方式使用很少。

（3）**通孔通风口**　和后屋面通长的孔口式通风口一样，在日光温室后墙上开设沿后墙长度方向通长的通风口也是近年来发展柔性保温墙组装结构温室的结果。冬季温室后墙用柔性保温被材料保温，温室后墙处于全封闭状态；等到春秋季节和夏季，当室外气温适宜时，日光温室后墙保温被可以卷起，日光温室实际上变成了东西走向的塑料大棚，此时在日光温室的后墙上设置沿墙体长度方向通长的通风口（图2-16），与温室前屋面通风口一起可形成沿温室跨度方向均匀的"穿堂风"。这种温室冬季按温室运行，夏季按大棚管理，可称为"冬室夏棚"，真正实现了温室周年全天候生产，是一种土地利用率最高的日光温室形式。

图2-16　后墙通孔通风口

（4）**后墙通风口的密封**　日光温室后墙虽设置有通风口，但在冬季寒冷季节为避免冷风吹袭作物，大都处于保温密封状态，只有到春秋季室外温度适宜时才打开使用。因此，对后墙通风口的密封和保温是日光温室管理运行中一项重要的工作。

理论上讲，后墙通风口除了密封严密外，其保温性能也应达到与后墙相同的水平。为此，在日常管理中大都只在通风口内填塞热阻较大的松软材料，如农作物秸秆、废旧保温被、废旧塑料薄膜等，但也有的温室管理者用碎砖填充通风口（图2-17a、b），之后再用报纸或废旧纸张粘贴密封孔口（图2-17c）。

a.圆孔洞用砖封堵　　　b.长孔洞用砖封堵　　　c.圆孔洞粘贴纸张封堵

图2-17　后墙通风口密封方法

对于带窗扇的通风口，一般要求窗扇关闭后密封严密。此外，在窗洞内也应填塞柔性保温材料。在冬季气温较高的地区，可采用内外两层窗扇、内部空气隔热的方式实现对通风口的密封和保温。

2.2.5　通风口防护

通风口是温室通风的主要通道，是保障温室环境控制的基础和前提。然而，温室通风口的设置同时也给温室作物的安全生产和温室结构的安全承载带来一定的隐患，主要表现在：①无防护的通风口可能会使室外有害生物直接进入温室；②冬季冷风直接吹向温室作物可能会造成作物受冻；③屋面通风口边框阻水可能会造成温室屋面兜水，在温室屋面上形成水兜会给温室结构安全带来隐患；④雨雪天气屋面通风口开启时，室外雨雪会直接进入温室，影响作物灌溉，并可能引起作物病害。为此，除了要在通风口关闭期间做好通风口的保温和密封外，在通风口开启运行期间也必须要做好相应的防护。

（1）冷风防护　就是在寒冷季节通风口打开时避免室外冷风直接吹袭作物的防护措施。这种情况主要发生在温室前屋面底脚通风口，有时屋脊通风口也需要防护。

通风口冷风防护的方法一般是在室内正对通风口附加设置一道防风膜。将防风膜设置在前屋面底脚通风口（图2-18a）可将室外冷空气导流到温室的中部，避免冷空气直接吹袭作物下部，同时形成通道延迟冷空气进入温室后直接接触作物的时间，并与室内高温空气混合，提高室外冷空气的温度，事实上起到了对室外冷空气加温的作用，可有效避免冷空气直接侵袭作物给作物造成的伤害。附加防风膜实际上也形成了温室前部的二道保温膜，在关闭前屋面底脚通风口的非通风季节或时段，还可以起到增强温室前部保温的作用。

与温室前屋面底脚通风口相同，在寒冷地区或其他地区的寒冷季节，只用屋脊通风口通风时，室外冷空气直接"坠入"温室，也会给通风口正下方栽培作物造成冻害，为此可从日光温室的后墙或后屋面向前倾斜向上张挂一幅能够阻挡屋脊通风口冷空气直接吹袭室内作物的塑料薄膜（图2-18b），可有效避免屋脊通风对室内作物的伤害。该膜在遇到室外下雨时，也能有效阻挡室外降雨直接落向室内作物，同时还起到了作物防雨的作用。

a.前屋面底脚通风口   b.屋脊通风口

图2-18 进风口防冷风膜

（2）**防虫防护** 所有通风口如果不设防护敞开通风，室外害虫以及室内益虫都可能通过通风口进入或逃逸。为了有效避免这种情况发生，一般在通风口安装固定的防虫网（图2-19）。防虫网除了材料不同外，一般是根据目数区别规格的。所谓"目数"是指1in长度上的网孔数（1in=25.4mm）。不同标准体系目数与网孔大小不完全对应（表2-1），在选择使用防虫网时首先应明确生产企业所采用的标准体系，据此判断防虫网网眼大小，再根据种植作物对防护目标害虫的体型尺寸选择确定对应目数的防虫网（表2-2）。在选取防虫网目数时，除了考虑防虫外，尚应考虑防虫网对通风的阻力，过密的防虫网虽然对害虫的防护效果好，但对通风的阻力也大，过分追求害虫防护可能会给温室通风带来不利影响。此外，在日常管理中要注意清理防虫网表面灰尘和飞毛，以减少防虫网对温室通风的阻力。

a.前屋面通风口　　　　b.屋脊通风口　　　　c.后屋面通风口

图2-19　温室通风口设防虫网

表2-1　防虫网目数与孔径对照

英国标准筛 （目）	美国标准筛 （目）	泰勒标准筛 （目）	国际标准筛 （目）	筛孔（μm）	筛孔 （mm）
4	5	5	—	4 000	4.00
6	7	7	280	2 812	2.81
8	10	9	200	2 057	2.05
10	12	10	170	1 680	1.68
12	14	12	150	1 405	1.40
14	16	14	120	1 240	1.24
16	18	16	100	1 003	1.00
18	20	20	85	850	0.85
22	25	24	70	710	0.71
30	35	32	50	500	0.50
36	40	35	40	420	0.42
44	45	42	35	355	0.35
52	50	48	30	300	0.30
60	60	60	25	250	0.25
72	70	65	20	210	0.21
85	80	80	18	180	0.18
100	100	100	15	150	0.15

（续）

英国标准筛 （目）	美国标准筛 （目）	泰勒标准筛 （目）	国际标准筛 （目）	筛孔（μm）	筛孔 （mm）
120	120	115	12	125	0.12
150	140	150	10	105	0.10
170	170	170	9	90	0.09
200	200	200	8	75	0.075
240	230	250	6	63	0.063
300	270	270	5	53	0.053
350	325	325	4	45	0.045
400	400	400	—	37	0.037
500	500	500	—	25	0.025
625	625	625	—	20	0.002

表2-2　害虫尺寸

害虫名	胸部宽度（μm）	下腹部宽度（μm）
苜蓿蓟马	215	265
银灰白粉虱	239	565
温室白粉虱	288	708
瓜蚜	355	2 394
桃蚜	434	2 295
桔潜蝇	435	810
痕潜蝇	608	850

（3）兜水防护　下雨、屋面积雪融化以及塑料薄膜表面冷凝冰霜融化等都会在日光温室屋面形成水流。在温室的屋面，由于设计中排水坡度不足，通风口上下沿口设置支撑杆又往往阻碍屋面排水，所以在日光温室运行中经常出现屋面积水并形成水兜的情况（图

2-20）。出现这种情况后：一是由于塑料薄膜的变形已经远远超过了其弹性变形的范畴，使其难以恢复到原始状态，事实上塑料薄膜已经处于破坏状态；二是大量的水兜给温室的结构增加很大负载，给温室的结构安全造成很大隐患，生产中由此造成温室倒塌的案例也时有发生。

a.屋面兜水　　　　　　　b.屋脊兜水　　　　　　　　c.局部兜水

图2-20　无防护的温室屋面兜水

　　为防范屋面水兜的形成，可在管理、设计和设备配置三个方面综合配套。

　　在管理上：一是要经常检查塑料薄膜的绷紧度，保证塑料薄膜不出现松弛；二是当发现有水兜形成时应及时从室内将水兜顶起，排除水兜中积水并将塑料薄膜绷紧；三是用针将水兜扎破，排除水兜中积水，并及时粘补针眼并绷紧塑料薄膜。

　　在设计上，应按照《日光温室设计规范》（NY/T 3223—2018）的要求，保证屋脊部位的坡度不小于8°。

　　在设备配置上：一是在屋脊通风口设置支撑网（图2-21），可以是钢板网、钢筋网、塑料网或者高强度防虫网；二是在相邻两榀温室骨架之间增设支撑短杆（图2-22），可以是竹竿、塑料管或镀锌钢

a.大网格钢丝网　　　　　　b.小网格钢丝网　　　　　　c.塑料网

图2-21　屋脊通风口设置支撑网防止屋面兜水

管；三是对琴弦结构日光温室可在屋脊通风口部位沿温室长度方向加密钢丝。通过以上措施可增大塑料薄膜支撑密度，从而减小直至完全消除屋面水兜。

  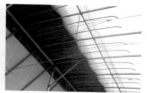

a.竹竿　　　　　　　b.塑料管　　　　　　　c.镀锌钢管

图2-22　骨架之间增设支撑短杆防止屋面兜水

2.3　通风口控制原理与控制设备

通风口是控制室内外气流交换的通道。日常管理中，只有打开通风口，才能实现室内外空气的交换，通过适时打开和关闭通风口才能控制室内适宜的温度、湿度和CO_2浓度。日光温室通风口的形式和设置的位置不同，控制启闭的方式和配套的设备也不同。按启闭通风口的动力，可分为手动开窗和电动开窗；按通风口窗扇启闭方向，可分为通风口平面内启闭的推拉窗、卷膜通风窗和拉膜通风窗与在通风口平面外启闭的平开窗、上悬窗和下悬窗（这里将覆盖通风口的塑料薄膜也一并称之为窗扇）。对硬质透光材料做窗扇的通风口，独立分散的后墙通风窗多用手动推拉窗和平开窗，连续孔口式屋面通风窗多用齿轮齿条驱动的电动上悬窗；对柔性塑料薄膜覆盖的通风口，多采用连续的孔口式通风，可设置在温室屋脊或前屋面，主要采用卷膜或拉膜的形式启闭，可以是手动，也可以是电动。

2.3.1　拉膜扒缝

拉膜扒缝通风也可简称拉膜通风或扒缝通风，是控制塑料薄膜通风口启闭的一种主要方式。其工作原理就是用动力驱动通风口覆盖膜的活动边，使其在通风口平面内平移，将覆盖通风口的塑料薄膜推挤或拉平，从而打开或关闭通风口。根据推拉通风口塑料薄膜的动力不同，拉膜通风分为手动拉膜通风和电动拉膜通风两种。

2.3.1.1　手动拉膜扒缝通风

手动拉膜扒缝通风就是用手抓住或用绳、杆抵住通风口塑料薄膜的活动边，人力推拉将其沿通风口启闭方向运动，从而实现对通风口启闭的开窗通风形式。手动拉膜通风可适用于温室屋面的任何位置，包括前屋面、屋脊以及用塑料薄膜覆盖的后屋面和后墙。日光温室由于跨度小、长度长、屋面不对称，温室内温度、湿度等环境条件沿跨度和长度方向都很不均匀，采用手动拉膜的通风方式可以像控制独立分散通风口启闭一样，作业人员依据个人对室内温湿度的感知和经验局部调整通风口开启的大小，可实现温室内整体环境的均匀一致。但这种调节仅限于人工感知，控制精度较低，而且启闭通风口花费时间长、劳动强度大。

传统的手动扒缝就是操作人员用手抓住通风口塑料薄膜的活动边，通过拉拽方式启闭通风口。这种作业方式启闭前屋面底脚通风口时，作业人员站在室内或室外地面在手臂可触及的范围内就可以完成作业。对种植高秧作物的温室，因受种植垄上作物的阻挡，室内操作需要花费更长的时间，相对而言，室外操作更方便，但需要操作人员走出室外作业（图2-23a），如要启闭前屋面中前部（腰部）

通风口，由于手臂长度不够就需要借助竹竿等杆件来启闭（图2-23b、视频2-1），而要启闭后屋面通风口则需要操作人员上到温室后屋面才能作业（图2-23c）。这种作业方式不仅作业强度高，启闭屋脊通风口时操作人员还需要经常上下温室屋面作业，通风控制的作业时间长，而且时效性很差。

视频2-1　前屋面中前部通风口竹竿手动扒缝

a.前屋面底脚通风口手动扒缝　　b.前屋面中前部通风口竹竿手动扒缝　　c.后屋面通风口手动扒缝

图2-23　手动扒缝通风

为了减轻启闭屋脊通风口的作业强度，提高通风控制的时效性，改进的屋脊通风口启闭采用拉绳的方法。操作人员在室内或室外拉绳即可实现对屋脊通风口的启闭。根据拉绳的驱动方式以及启闭通风口的功能不同，拉绳开窗的方式又分为手动直接拉绳开窗和手动机械拉绳开窗，手动直接拉绳开窗还可分为单绳单控开关窗和双绳双控开关窗两种形式。手动机械拉绳开关通风口一般都是双绳双控开关窗。所谓单绳单控就是用一根绳控制开窗或关窗一个功能，而双绳双控就是用两根连接在一起的闭环绳同时控制通风口的开启和关闭。

（1）单绳单控手动拉绳启闭屋脊通风口　单绳单控手动拉绳分为开窗和关窗两种形式。单绳打开通风口，就是用一根绳索（布条）一端固定在室外后屋面，另一端绕过屋脊通风口覆盖膜的活动边从室外垂到室内，再通过设置在室内后墙或后屋面的沿温室长度方向通长安装的一根纵向换向支撑钢索、钢管或其他材料的系杆（以下称为换向支撑轴），即形成这种简易的手动扒缝开窗机构（图2-24、视频2-2）。操作人员只要在室内向下拉动绳索，通过换向支撑轴对拉力的换向即可形成对通风口塑料薄膜向屋脊方向的推力，从而打开屋脊通风口。开窗用的绳索可按3～5m的间距设置，根据需要逐一操作拉绳可局部或整体打开屋脊通风口。

视频2-2　单绳单控手动拉绳打开屋脊通风口

这种方法在室内只能打开通风口，但却无法关闭通风口，因此是一种半程扒缝开窗方法。要关闭通风口，还必须和传统的直接手动扒缝一样，操作人员需要爬到温室屋顶进行操作。

这种方法虽然不尽完美，但与传统的操作人员上屋顶直接手动扒

图2-24　手动拉绳开屋脊通风口

缝启闭通风口的操作相比，减轻了一半以上的劳动强度，而且节约时间，方便操作，此外，这种方法还可就地取材，安装简便，投资少，非常适合于经济条件比较差的个体农户生产中推广使用。

为了进一步减轻劳动强度，彻底解决操作人员上屋面关闭通风口的劳作，可以在覆盖通风口的塑料薄膜活动边再系扣一根绳索，绳索沿温室前屋面外表面自由垂落到前底脚，形成单绳单控关闭通风口控制系统。操作者只要在温室外向下拉动绳索，即可拉动通风口塑料薄膜活动边向下运动，实现对通风口的关闭（图2-25、视频2-3）。

视频2-3 单绳单控手动室外关闭通风口

对于单绳单控手动拉绳式屋脊通风口启闭系统，可以单独设置室内单绳打开通风口，也可以设置室外单绳关闭通风口，但更多的情况是将两者结合，通风口启闭可以全部实现拉绳启闭，而完全摆脱操作人员上屋面关闭通风口的作业。其中，室内打开通风口和室外关闭通风口的拉绳，在屋脊通风口活动边上的布置位置可以是等距离同位置，也可以是不等距离不同位置（图2-26），一般室内开通风口拉绳的间距应小于室外关通风口拉绳的间距。

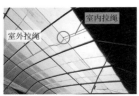

图2-25　单绳室外关闭通风口

a.错位设置启闭绳　　　　b.同位设置启闭绳

图2-26　单绳单控集成分别控制屋脊通风口启闭

（2）双绳双控手动拉绳开关屋脊通风口　单绳单控手动拉绳打开或关闭屋脊通风口的扒缝方法分别解决了通风口启闭的半个行程，尤其关闭屋脊通风口还需要操作人员到温室外作业，操作管理很不方便。为了实现拉绳控制屋脊通风口启闭都能在室内作业的要求，借用单绳单控的拉膜原理，在通风口塑料薄膜活动边按同位设置启闭绳的方法设置室内开窗绳和室外关窗绳，保留打开通风口拉绳不动，在关闭通风口的拉绳上再增加一套换向装置，即可实现对屋脊通风口开闭的全程室内操作，其工作原理如图2-27a。

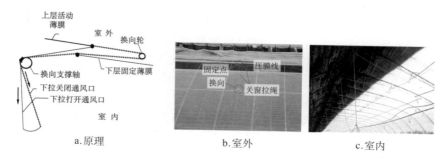

a.原理	b.室外	c.室内

图2-27　双绳双控手动拉绳开关屋脊通风口

　　图2-27a中粗实线表示打开通风口的拉绳，虚线表示关闭通风口的拉绳。具体应用中两者可以是独立的两根绳，但大部分情况下是连接在一起的一根绳（以下称之为驱动绳）。驱动绳的一端固定在屋脊通风口覆盖膜的活动边（通常沿通风口长度方向设置一根钢丝或绳索，用通风口覆盖膜的活动边包裹钢丝，形成能够承受拉力的活动边，通风口驱动绳的端头即固定在该钢丝绳上，如图2-27b），然后沿温室室外屋面向下绕过固定在屋面压膜线上的换向轮（可以是定滑轮，也可以是简单的圆环或专用的换向器，如图2-28）后返回到温室通风口的下沿（图2-27a中"下层固定膜"的上沿）进入室内，再绕过设置在室内后屋面或后墙面上沿温室长度方向通长或间隔安装的换向支撑轴（可以是直接绕过支撑轴，也可以是绕过安装在支撑轴或屋面骨架上的定滑轮，换向轴可以是钢管，也可以是圆木，如图2-29），即形成通风口闭合的操作行程。实际运行中只要向下拉驱动绳索，即可以实现对通风口的关闭。

a.圆环	b.定滑轮	c.多功能组合件

图2-28　固定在压膜线上的通风口关闭驱动绳换向构件

　　将上述驱动绳索下垂到适宜操作人员操作的高度（一般距离温室室内地面2m左右）后再折回，绕过换向支承轴，固定到通风口活动膜边沿（即驱动绳索的起始端头），即形成通风口开启的操作行程。以上用一根闭环的绳索实现了通风口开启和关闭两个行程的操作，以通风口活动边为参照，向上（图2-27a中的左侧）推，打开通风口，向下（图2-27a中的右侧）拉，关闭通风口，但从室内操作看两者均是向下拉绳，操作方便，省力省工（视频2-4）。

b.固定在后屋面骨架上的短钢杆

c.固定在后屋面骨架上的定滑轮

视频2-4　双绳双控手动拉绳开关屋脊通风口

a.固定在后屋面骨架上的短木杆　　d.固定在后屋面骨架纵向系杆上的定滑轮

图2-29　通风口驱动绳在室内换向的支承轴及换向轮

　　（3）手动机械拉绳开关屋脊通风口　上述双绳双控手动拉绳扒缝开窗方法彻底解决了屋脊通风口室内操作启闭的技术问题，但由于这种方法每根驱动绳索在通风口上均是"点"驱动，屋脊通风口沿温室长度方向一般3～5m设置一个驱动点，操作人员需要操作每个驱动点的拉绳，才能将整个通风口全部打开或关闭，工作的效率仍然不高。为此，人们设计了一种传动轴缠绕驱动绳索启闭通风口的方法，称为"卷轴拉绳开窗法"，借助机械设备人工操控传动轴转动启闭通风口即形成手动机械拉绳屋脊通风口启闭系统。

　　这项技术的核心之一就是将上述双绳双控手动拉绳启闭通风口

方法中各驱动点的驱动绳索全部缠绕到安装在温室后屋面骨架或后墙面立柱沿温室长度方向布置的一根传动轴上（图2-30），每个驱动点开闭通风口的拉绳为一组，通风口开、闭拉绳在传动转轴上分别按相反的拉动方向缠绕，所有打开通风口的拉绳按同一方向缠绕；同理，所有关闭通风口的拉绳沿另一方向缠绕。转动传动轴，通风口启闭的拉绳将同时在转轴上缠绕运动，由此带动通风口活动边运动，控制传动轴的正反转即可打开或关闭通风口。由于温室沿长度方向通风口所有驱动点的拉绳都缠绕在一根驱动转轴上，所以，转动驱动转轴便可拉动所有驱动点，从而实现对通风口的一次性启闭，达到更高效率的通风口启闭。

图2-30 通风口启闭驱动绳同时缠绕在一根传动轴上

由于启闭通风口的驱动点全部连为一体，启闭通风口所需要的驱动力将大大增加，传统的人力直拉式驱动方式已不可行，为此，必须采用"变速轮省力"的方法来解决人工直接转动转轴动力不足的问题。

采用链条传动的原理，驱动大轮带动小轮，即可达到省力的目的。图2-31a是按照这一原理设计制造的一种屋脊通风口开窗机。双手转动摇把，直接驱动大轮转动，通过链条，将大轮动力传输到连接传动轴的小轮，即可带动驱动绳索开启或关闭通风口。这种方法有效地解决了动力传输的问题，但由于使用的链条长度有限，开窗机必须安装在距离传动轴较近的位置（图2-31a安装在接近后屋面的后墙上），给实际操作带来了不便（实际操作中操作人员必须登在爬梯上才能完成作业）。

为了解决上述开窗机链条短、操作不方便的问题，改进的方法采用链轮机代替上述链条传动，即将链轮机的链盘直接安装在传动轴的一端（图2-31b），用导链驱动链盘，拉动导链，即可带动链盘转动，从而驱动传动轴转动，进而拉动缠绕在传动轴上的通风口驱动绳运动，实现对通风口的启闭。由于导链长度可以根据需要设定和调节，因此，操作人员可站在温室地面进行操作，极大地方便了生产者的操作。此外，导链盘中还可以设置多级变速，更进一步省力操作。操作过程中，随时停止操作，可调节通风口的开启大小。

a.链条传动卷轴 b.链轮传动卷轴

图2-31 人力卷轴拉绳开关屋脊通风口的几种传动机械

解决转轴机械动力传输的第三种方法是用摇臂式万向节传动方法（图2-32）。操作人员站在室内地面，手动摇动手柄将动力传递到万向节，万向节将竖直转动杆的动力（扭矩）转变为水平转动动力并传递给绕绳转轴，从而带动缠绕通风口启闭绳的转轴转动，实现对通风口的启闭。

a.手动摇动手柄 b.动力传输系统 c.整体

图2-32 通过万向节传输手动摇臂动力驱动卷轴的机械设备

在解决了拉绳缠绕和卷轴动力机械后，手动机械拉绳开窗系统还有一个问题就是卷绳转轴的固定问题。对转轴的固定，要求其只能转动，不能有平面和空间方向的位移，也就是说转轴只能在固定的轴承座内转动。工业用的轴承座有多种形式，在经济可行的条件下可直接使用；连栋温室开窗和拉幕系统使用的轴承座（图2-33a）也完全适用于日光温室拉膜通风系统的转轴支撑，但由于成本原因，日光温室建设过程中还是因地制宜研究和开发了很多经济实用的轴承固定方法，包括直接在骨架上焊接钢筋圆环（图2-33b）、用固定在骨架上的带圆环的螺栓（图2-33c）、用装配式钢管骨架与纵向系杆连接用的卡具（图2-33d、e）、用打孔钢板（图2-33f）等。这些方法经济实用，但普遍存在转轴与支撑座钢对钢摩擦的问题，尤其是温室骨架或立柱安装不规整时两者之间的摩擦力更大，直接造成转轴表面镀锌层破坏甚至管壁磨损，影响设备的整体使用寿命。

a.安装在立柱上的工业用轴承　　b.骨架上直接焊接圆环　　c.用尾部带环的螺栓

d.用连接拱杆和纵向系杆的卡具　　e.用钢筋代替销钉的拱杆　　f.用打孔钢板
和纵向系杆的卡具

图2-33　卷绳轴轴承的多种做法

2.3.1.2　电动拉膜通风

上述手动机械式扒缝装置，从功能上都实现了室内操作，一次性完成对通风口的整体启闭，应该算是传统人工屋脊直接扒缝通风技术的一次飞跃。但这些装备还都局限于人工操作的技术层面上，用电机代替人工操作才是日光温室真正实现省力化、自动化的开始。

电动拉膜通风系统就是在手动拉绳启闭通风口系统的基础上，

用电机驱动通风口拉绳运动，从而完全替代人工动力的一种开窗系统。根据电机驱动通风口拉绳动力传输方式的不同，电动拉膜通风系统又分为电机直连转轴的拉膜通风系统（简称电动转轴卷绳开窗机）和电机带动闭环链条往复运动的拉膜通风系统（简称电动链条拉绳开窗机）。

（1）**电动转轴卷绳开窗机**　就是以双绳双控手动机械拉绳开窗系统为基础，取消人工动力传输设备，直接在卷绳轴上安装电机，用电机驱动卷绳轴转动，启闭通风口的拉绳缠绕在卷轴上，随着卷轴的转动即拉动通风口启闭绳运动，从而实现对温室通风口的启闭，其工作原理与主要设备组成如图2-34。

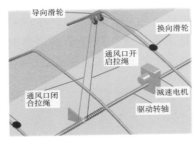

图2-34　电动转轴卷绳开窗机工作原理

根据驱动转轴电机安装的位置及其动力输出轴的形式不同，电动转轴卷绳开窗机分为中置和侧置两种形式。中置开窗机的动力电机置于温室沿长度方向的中部，电机两侧输出动力轴，向两侧卷绳轴输出动力（图2-35）；侧置开窗机的动力电机置于卷绳轴的一端，电机仅一侧输出动力，向单侧卷绳轴输出动力（图2-36）。由于卷绳开闭通风口需要的动力较小，虽然不同企业开发的电机形式不同（图2-35、图2-36），有的甚至配置了室内温度显示功能和完全的自动控制系统，但总体讲基本都采用直流电机。由于电机功率小、转速较低，动力传输可省去电机减速机，从而大大减轻了整机重量，降低了动力设备的制造成本。

除了输出动力形式不同外，电动转轴卷绳开窗机的其他设备组

图2-35　中置式电动转轴卷绳开窗机

成，包括启闭通风口的拉绳及其连接和布置方式、卷绳轴的固定及拉绳的缠绕方式等，完全和双绳双控手动机械拉绳开窗系统相同，这里不多赘述。唯一需要说明的是电机在温室骨架上的固定方式，这也是附加电机后的特殊要求。

中置开窗机电机可通过螺栓或支杆直接固定在温室骨架上（图2-35），但侧置开窗机基本都是在电机上伸出一根垂直于卷绳转轴的支杆，并将该支杆固定在连接温室相邻两拱架的杆件上（图2-36），主要起支撑和平衡电机重力的作用。

图2-36　侧置式电动转轴卷绳开窗机

电动转轴开窗机，不论是中置式还是侧置式，不仅可用于控制温室屋脊通风口启闭，而且可用于控制温室前屋面任何位置通风口启闭。中置开窗机一般安装在温室骨架上（图2-35），也可安装在温室立柱上，但侧置式开窗机可以布置在温室一侧山墙侧，向另一侧山墙端延伸水平布置卷绳轴（图2-37a、d）；也可以置于温室中部，分别向两侧山墙端延伸布置卷绳轴（图2-37b、e），还可以布置在温室后墙（图2-37c）或靠走道立柱上（图2-37f）。各类开窗机的布置位置以不妨碍温室内种植和作业为原则。

a.侧置开窗机置于山墙侧后屋面，单机单向控制屋脊通风口

b.侧置开窗机置于后屋面中部，双机双向控制屋脊通风口

c.侧置开窗机置于山墙侧后墙，单机单向控制屋脊通风口

d.侧置开窗机置于山墙侧前屋面，单机单向控制前脚通风口

e.侧置开窗机置于温室前屋面中部，双机双向控制前屋面底脚通风口

f.中置开窗机电机置于后墙边立柱，单机双向控制屋脊通风口

图 2-37　电动转轴卷绳开窗机在温室中的布置形式

　　（2）电动链条拉绳开窗机　与电动转轴卷绳开窗机相比最大区别在于通风口启闭拉绳的动力传输形式上。两者的通风口启闭拉绳在室外部分的布置和连接形式完全相同，但两根拉绳进入室内经换向轴（轮）换向后，电动转轴卷绳开窗机是将其缠绕在电动卷绳转轴上，随转轴的转动拉动通风口启闭绳运动，实现通风口的启闭，而电动链条拉绳开窗机则是将其再次换向后分别系扣在一个沿水平方向往复运动的闭环驱动线上，随着闭环线的往复运动带动通风口启闭拉绳运动，实现通风口的启闭，其工作原理与主要设备组成如图2-38。

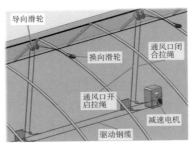

图 2-38　电动链条拉绳开窗机工作原理

　　闭环驱动线起始于电机输出轴，在电机动力输出轴上安装链条（图2-39a），通过链条将电机输出轴的圆周运动改变为闭环驱动线的水平运动。闭环驱动线的长度为开窗机控制通风口的长度，一般为30～50m。由于闭环驱动线长度较长，如果全程采用链条则造价太高，为了降低系统造价，链条长度仅控制在通风口可启闭的行程范围，超过链条长度的闭环驱动线可用钢丝或绳索替代（图2-39b、c）。闭环驱动线到达行程的末端后通过固定在立柱上的换向轮进行180°换向，将驱动线折回再连接到连接电机输出轴链条的另一端，形成与地面平行的完整闭环驱动线。

a.电机驱动齿条形成闭环线的动力端　　b.齿条过渡连接到钢丝　　c.闭环线在端部的换向

图2-39　闭环线的组成与驱动

拉动屋面通风口活动边启闭的拉绳经室外换向进入室内二次换向为垂直地面的两根绳（图2-40），将这两根绳分别系扣连接到上述水平布置闭环线同一截面的两侧，即可实现闭环线运动动力向通风口拉绳的传递（图2-41a）。实践中，如果将进入室内经换向后垂直地面的通

图2-40　通风口拉绳从室外引向室内

风口拉绳直接垂直连接到水平运动的闭环线上随闭环线往复运动，运行中通风口拉线将会出现大幅度的左右分离和交叉，直接影响机构的平稳运行。为避免这种情况发生，通风口拉绳在连接闭环线前，采用一个定滑轮对其进行90°变向（图2-41b），从而使通风口拉绳端头与闭环线形成平行的行程，并保持通风口启闭绳始终处于平行状态。为保证运行过程中通风口启闭绳始终处于同步状态，通风口启闭拉绳与动力传输的闭环线应牢固连接（图2-41c），避免运行过程中拉绳与闭环线之间的滑动。

  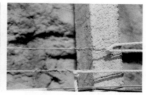

a.整体　　　　　b.换向轮在闭环线上固定　　　c.通风口拉绳端头在闭环线上固定

图2-41　通风口拉绳在闭环线上的换向与固定

为保证温室通风口启闭的平稳和整齐，形成电机链条拉绳开窗机动力传输闭环线的两条驱动线必须始终处于平直拉紧状态。这一要求限制了闭环线的长度，所以电机链条拉绳开窗机控制温室通风口的有效长度大都限制在30～50m。对于长度较长的温室，一般在温室的中部设置两台开窗机，如同安装在温室中部的侧置电动转轴卷绳开窗机，采用双机双向布置形式将温室通风口分为两段进行控制（图2-42a）。当然，对于长度在100m以上的超长温室，可根据开窗机的有效控制长度设置多台开窗机。

a.双机中置并配自动控制　　　　b.配有手动操控的动力电机

图2-42　自动电机与手动电机

电动链条拉绳开窗机目前生产企业都配置了相应的自动控制系统（图2-42a），可根据室内温度（有的还可以根据室内外温度）和时间控制电机的启闭、正反转（控制通风口的启闭）以及每次运行的行程（主要控制电机的转动圈数）大小，由此可实现对室内温度的平稳控制。为了应对温室生产区或生产温室偶然短暂的停电或断电，保证生产的安全运行，有的开窗机生产企业还在电机上配套了手动摇把（图2-42b），以应对停电后的应急需求。

2.3.2　卷膜开窗

2.3.2.1　卷膜开窗原理

所谓卷膜开窗，就是将覆盖通风口的塑料薄膜沿通风口长度方向缠卷在卷膜轴上，通过卷膜轴的正反转转动卷起或展开通风口塑料薄膜，从而打开或关闭通风口的一种通风形式。与拉膜通风开窗相比，卷膜开窗省去了所有的拉绳及支撑和换向设备，卷膜轴直接缠绕通风口塑料薄膜，设备组成少，连接更直接，运行更平稳。

　　这种开窗形式，在日光温室中不仅可用于沿温室长度方向通长设置的屋脊通风口通风，而且也可用于温室前屋面通风口通风，甚至在后屋面为活动保温屋面或后墙为活动保温后墙时也可用于相应通风口的通风（图2-43）。卷膜开窗由于沿温室长度方向通风口的开口大小相同，所以温室各部位的通风量一致，由此形成温室室内温度、湿度和气体浓度分布更均匀，是一种高效的日光温室通风方式。其不足之处主要表现在雨雪天气卷膜轴可能会形成屋面排水的障碍，尤其在夏天由于塑料薄膜张绷不紧，可能会在温室屋面形成水兜，给结构的安全带来隐患。

a.屋脊卷膜通风

b.前屋面底脚卷膜通风

c.活动后屋面卷膜通风

图2-43　卷膜开窗的应用

　　控制卷膜通风通风口启闭，就是在卷膜轴上施加扭矩，带动卷膜轴按不同的方向转动即可实现通风口塑料薄膜的打开或关闭。根据驱动卷膜轴转动的动力不同，卷膜通风可分为手动卷膜和电动卷膜。

2.3.2.2　手动卷膜通风设备

　　手动卷膜是通过人力手工操作驱动卷膜轴转动的一种卷膜方式。根据手动传输动力的握具不同，手动卷膜又分为手柄驱动卷膜和导链驱动卷膜，其中手柄驱动卷膜根据手柄与卷膜轴之间连接和动力传输方式不同，分为手柄直连卷轴的手柄直驱卷膜、通过变速箱连接手柄和卷膜轴的变速手柄卷膜、通过长臂和万向节连接手柄和卷膜轴的万向节长手柄卷膜。

　　（1）手柄直驱卷膜器　就是将"之"字形手柄通过直接焊接或螺栓连接（简称栓接）在卷膜轴的端部，形成卷膜轴的"摇把"，手动转动摇把，即可驱动卷膜轴转动，从而控制通风口的启闭。

这种通风机构，结构简单、造价低廉，没有复杂的制造和加工工艺。最简单的做法是在卷膜轴的端头直接焊接一个钢板条，再在钢板条的另一端焊接一根圆钢管，3根杆件同处一个平面且相邻杆件相互垂直，即形成"之"字形摇把（图2-44a）。另一种摇把的做法是先用3根圆管焊接成一个直角"之"字形摇把，再将其焊接到卷膜轴的端部（图2-44b）。

这种驱动手柄在温室安装现场即可组装调试，不论是新建温室，还是建成温室，均可以在不改变任何设计的条件下安装运行。既可以用于屋脊控制屋脊通风口启闭（图2-44a、b），也可以用于控制前屋面底脚通风口启闭（图2-44c），但这种机构的手柄较短，用于屋脊通风口操作时，要么需要操作人员上到屋顶，要么操作人员需要在地面搭建高台或爬梯，给实际运行操作带来不便。另外，这种机构的动力传输比为1∶1，没有省力装置，也没有自锁装置，温室通风口打开或关闭后容易受外部风力或自身重力的作用而自动转动，尤其是当温室通风口打开时，自动关闭通风口会停止温室通风，给温室的降温带来直接影响。因此，实际生产中这种形式的卷膜器使用很少。

a.钢板与圆管焊接的摇把（用于屋脊） b.圆管焊接的摇把（用于屋脊通风） c.圆管焊接的摇把（用于前屋面底脚通风）

图2-44　手动直驱卷膜器

（2）变速手柄卷膜器　手动直驱卷膜器虽然设备简单、造价低廉，但由于动力传输不省力，对于较长的日光温室，启闭通风口非常费力。为了解决操作省力的问题，在手柄和卷轴之间增设了一个齿轮变速箱，摇把直接驱动小齿轮，小齿轮带动大齿轮，大齿轮最终连接卷膜轴，由此可实现省工、省力。为进一步省力，齿轮箱内还可以安装多级齿轮。

a.卷膜器主机

b.弧形导杆固定在地面

c.直立导杆固定在地面

d.无摆臂、无导杆

e.摆臂固定在山墙

f.摆臂在地面自由运动

图2-45　变速手柄卷膜器及其安装方式

　　图2-45a是专业开发的这种卷膜器主机。该卷膜器由动力手柄、齿轮箱、动力输出轴，以及导杆限位轮组和定位手柄组成。其中，动力手柄、齿轮箱、动力输出轴是动力传输机构，手动摇动动力手柄即可将动力传输给卷膜轴；导杆限位轮用于安装卷膜器导杆，导杆和定位手柄都用于控制卷膜器运动轨迹，实际安装中二者取其一。导杆一般安装在地面，为适应日光温室弧面屋面形状，导杆应做成与温室屋面完全相同的弧形拱杆，一端固定在地面，另一端固定在温室山墙（图2-45b）或形成自由端。由于制作与温室屋面形状完全一致的弧形导杆要求加工精度高，实际安装中基本都采用直杆，一端铰接固定在地面，另一端形成自由端，操作中一只手抓握导杆自由端，掌控导杆的方向，另一只手抓握动力手柄，即可自由操控卷膜器的上下运行（图2-45c）。实际上，对于前屋面底脚通风口，操作人员站立在地面上操纵卷膜器，可完全不用辅助设施安装此类卷膜器并可完全省去安装导杆（图2-45d），实际操控中一手掌控定位手柄、一手操作动力手柄即可平稳控制卷膜器的运行，由于齿轮箱内齿轮的阻力，卷膜器可以停止在任意位置而实现自动自锁。对于

安装在温室屋脊通风口的卷膜器，由于操控卷膜器需要操作人员登高爬梯，从安全生产的需要考虑，可在定位手柄上焊接一根摆臂杆，将摆臂杆的另一端铰接固定在温室山墙上，这样操控卷膜器时就可以节约出一只手来用于把扶扶梯（图2-45e）或其他安全把手。从操控卷膜器的功能要求考虑，在卷膜器定位手柄上焊接出一根摆臂杆并将其放置在地面上自由运动（图2-45f）似乎就有点"画蛇添足"了，其在实际操控中也确实没有什么作用（视频2-5）。

视频2-5 变速手柄卷膜器操作

（3）万向节长手柄卷膜器 上述不论是手柄直驱卷膜器还是变速手柄卷膜器，其共同的特点是操作手柄直接或间接地就近安装在卷膜轴的末端，而且驱动手柄的臂杆很短，为此，在操控卷膜轴运行时需要操作人员靠近卷膜轴作业，尤其对安装在屋面高处用于控制屋脊通风口启闭的卷膜器，操作人员必须通过爬梯站立到温室门斗屋面或直接站立在靠立于山墙的爬梯上作业，不仅操作费工、费时，而且作业也存在很大的安全隐患。为克服短柄驱动卷膜器的上述缺陷，后来的改进是加长驱柄，将短柄改为长柄，操作人员可以站立在地面进行屋面通风口操控。按照这一要求开发的卷膜器主要为万向节长手柄卷膜器（图2-46）。

图2-46 万向节长手柄卷膜器

万向节长手柄卷膜器也采用与上述变速手柄卷膜器相同原理的省力化减速箱，其动力输出端与卷膜轴相连，动力输入端通过万向节与加长的手柄相连。转动手柄，可将动力传输给万向节，经过万向节改变传力方向后将动力传递到变速箱的动力输入端，并通过减速箱内齿轮组的传递最终将动力传递到卷膜轴，转动卷膜轴实现对通风口的启闭操控。

与上述变速手柄卷膜器不同的是万向节长手柄卷膜器省去了前者固定卷膜器主机的导杆及导杆限位轮，也取消了定位手柄。具体操作中，作业人员一手掌握手柄的长手臂，另一只手转动短手柄，即可轻松操控卷膜器（图2-46）。

（4）**导链卷膜器**　就是在卷膜轴的末端通过焊接或栓接的方法固接到一个齿轮盘上，用导链驱动齿轮盘转动，即可带动卷膜轴转动，进而开启或关闭屋脊通风口。由于导链是柔性机构，其长度可以根据需要设定或调节，所以，卷膜器操作时，操作人员可以直接站立在地面，左右拉动导链，即可完成对屋脊通风口的启闭，安全、简便。

为了避免卷膜轴因重力或其他原因自动转动，一般在齿轮盘上都安装有阻逆机构，只有在导链驱动时齿轮盘才转动，在其他动力条件下，齿轮盘不会发生转动，因此，也就保证了通风口可以随时停止在任何需要的位置，而不受其他外力的影响。

为了实现进一步的省力化操作，还可在导链驱动的链轮与卷膜轴之间再安装不同动力输入输出比的变速箱。此外，由于导链卷膜器主要用于屋面高处屋脊通风口的启闭，为保证卷膜器在操控过程中的平稳和安全运行，一般在链轮外壳上都安装有可伸缩的摆臂杆，并将其固定在温室山墙上（图2-47）。

链轮
摆臂
链条

a.俯视　　　　　　　　　　　　　b.正视

图2-47　导链式手动卷膜器

2.3.2.3　电动卷膜通风设备

（1）**电动卷膜原理与分类**　电动卷膜器就是在卷膜轴的端部安装电机，由电机代替人力带动卷膜轴转动从而实现通风口启闭的一种通风设备。

根据动力电机所用电流的形式，电动卷膜器分为直流电机卷膜器和交流电机卷膜器。由于日光温室卷膜通风所用的动力较小，一般多用直流电机卷膜器，可电机直驱卷膜轴，省去减速箱，从而节省成本。

　　根据电机输出轴的不同分为单轴输出和双轴输出两种形式；根据卷膜器在温室上安装的位置不同可分为侧置式和中置式。侧置式卷膜器安装在温室山墙一侧，电机单侧输出动力，向一个方向驱动卷膜轴（图2-48a）；中置式卷膜器安装在温室中部，电机双侧输出动力，双方向驱动卷膜轴（图2-48b）。

a.侧置单轴输出卷膜器　　　　　　　b.中置双轴输出卷膜器

图2-48　电动卷膜器按输出轴和安装位置不同的分类

　　根据卷膜器运行导轨控制方式不同，可分为摆臂式、导轨式和二连杆式（图2-49）。摆臂式卷膜器采用一根套管，一端铰接固定在温室山墙外侧，另一端焊接或栓接固定在卷膜器上，随卷膜器在温室屋面上运动而摆动，牵引和限位卷膜器运动（图2-49a）。导轨式卷膜器是在卷膜器上焊接或栓接固结一根L形导杆，导杆的一端插入与屋面形状完全相同的导轨，随卷膜器的运动，导杆在导轨中运动，实现对卷膜器的引导和限位（图2-49b、视频2-6）。二连杆卷膜器是在卷膜器上连接一个由中部铰接连接的二连杆，二连杆的另一端固定在地面（图2-49c）或温室屋面，随卷膜器的运动支撑并限位卷膜器。

视频2-6　导轨式电动卷膜器

　　根据电机的控制方式不同，电动卷膜器可分为人工手动控制和完全自动控制两种控制形式，其中人工手动控制又分为人工操作电源开关的控制方式和人工操控遥控器控制电源通断两种方式。自动控制系统一般根据室内温度或室内外温差进行控制，控制通风口开

a.摆臂式　　　　　　　b.导轨式　　　　　　　c.二连杆式

图2-49　电动卷膜器按导轨及支撑方式不同的分类

启的大小可人工编程，控制卷膜电机停止的方法有限位控制器机械控制法和卷膜轴转数的行程控制法等。

电动卷膜器在日光温室上的应用，不仅可用于控制屋脊通风口启闭（图2-50a），而且可用于前屋面底脚通风口（图2-49a）乃至活动后屋面和后墙面通风口的控制；不仅可用于温室通风口的启闭，而且可用于双膜单被或双膜双被温室室内塑料薄膜的启闭（图2-50b）。随着自动控制技术的日臻完善以及日光温室轻简化和省力化要求越来越迫切，从节省人力、提高控制精度以及提高日光温室现代化水平的发展方向看，自动控制乃至物联网控制的电动卷膜器将会成为未来发展的必然。

a.室外屋脊通风口卷膜　　　　　　b.室内保温膜卷膜

图2-50　电动卷膜器在日光温室室内外卷膜的应用场景

（2）电动卷膜器的限位　对于自动控制的卷膜通风系统，为防止卷膜轴过卷（超过通风口边沿位置），应在通风口的上下沿分别设置限位开关（图2-51a）。当卷膜轴运行中碰到限位开关后，自动切断电源，从而停止卷膜轴转动。

日光温室通风口控制限位开关可选工业用摇臂式开关。对于侧置摆臂式卷膜器可将其安装在山墙侧面，开关的摇臂限位杆伸出山墙顶面，用卷膜杆触碰限位开关（图2-51b、c），即可断开控制电路，实现卷膜器的卷停。

a.整体结构　　　　　　b.卷膜器触碰限位开关关　　　c.限位器
　　　　　　　　　　　　闭通风口

图2-51　限位开关控制的屋面前底脚通风口自动卷膜控制系统

另一种限位开关的安装方式是将其安装在山墙上表面卷膜器运行行程的桥架上（图2-52）。桥架的安装高度应保证卷膜轴的运行高度与限位开关限位杆的位置相适应。桥架可以是钢管或不同形式的型材，可以是直杆，也可以是与通风口弧面相适应的拱杆。这种安装方式：一是限位杆触碰卷膜轴，可切断控制电路；二是万一控制电路失效，桥架的立柱可以阻挡卷膜轴继续前行，保证卷膜器不致出现过卷，实际上起到了双重保护的作用。

a.整体结构　　　　　　b.上下限位　　　　　　c.限位器

图2-52　桥架式限位开关控制的屋脊通风口自动卷膜控制系统

从机械限位的角度出发，除桥架式限位外，还可采用山墙墙体限位。第一种是利用山墙防风的导流板，在导流板上卷膜器行程范围内开键槽，使卷膜轴在键槽内运动（图2-53a）；第二种是当温室门斗高出温室山墙，屋脊通风口的卷膜器及摆臂杆需要设置在温室门斗内时，可在温室门斗墙上开键槽（图2-53b），如同上述山墙防风导流板一样，卷膜器只能在门斗墙体的键槽内运动；第三种是对温室前屋面底脚通风口的卷膜器，可在卷膜器行程对应的山墙上开豁口（图2-53c）。利用这些机械限位措施：一是可以在键槽或豁口中直接安装电控限位器，控制卷膜器卷停；二是当卷停开关失效后，可限制卷膜器的行程，阻止其继续前行，相当于增设了一套防过卷装置。

a.山墙屋脊处开豁口　　　b.门斗内温室山墙开豁口　　　c.山墙底脚处开豁口

图2-53　山墙开豁口安装卷膜器并限位

2.3.2.4　卷膜通风摆臂杆及其固定

为了控制卷膜轴的运行轨迹，除手柄式手动卷膜系统外，卷膜系统一般在卷膜器上安装一根摆臂杆，用于控制卷膜轴的运行轨迹。

从摆臂杆末端的固定形式看，有完全不固定的自由臂和末端固定的固定臂之分。自由式摆臂杆只适用于手动卷膜系统（图2-54a），实际上手柄式卷膜系统的手柄也可以视为是一种变形的自由臂。自由式摆臂杆虽然从形式上看末端没有固定，但在实际操控中操作人员要掌控摆臂杆，实际上形成了一种可移动的固定点。

固定臂从其末端的固定位置看有墙面固定臂（图2-54b）和地面固定臂之分（图2-54c）。当墙面结构有足够承载能力时，应首选墙

a.自由臂　　　　　　b.墙面固定臂　　　　　　c.地面固定臂

图2-54　摆臂杆的形式

面固定的方式。一是因为墙面固定可减小摆臂杆的长度，减少构件用材和成本；二是因为摆臂杆固定在墙面上不会影响地面道路，可防止由于地面运输或作业碰撞摆臂杆而可能造成的摆臂杆损伤甚至破坏。

对于端部固定的摆臂杆卷膜系统，如果摆臂杆的长度不能改变，则卷膜轴只能围绕以摆臂杆端部固定点为圆心、摆臂杆长度为半径的圆弧轨道运行。但由于大部分日光温室屋面通风口部位的弧形并非严格的圆弧曲面，或者虽可近似为圆弧曲面但相应的圆弧半径较长，所以，在具体实践中虽也有采用固定点圆弧轨迹的摆臂控制系统（图2-55a），但大部分摆臂还是做成伸缩套管形式（图2-55b），即一根钢管插入另一根钢管中，两管之间留有足够的空隙以使两管在不脱离的条件下自由地相互进行直线运动，从运行外观看，是内插管在外套管内往复运动，形成内插管在外套管内的伸出或缩进，这就是伸缩杆名称的由来；从运行结果看即形成了一根可变长度的臂杆，从而可适应非圆弧曲面的卷膜轴运行轨道，且臂杆的长度也不至过长。

实践中解决臂杆伸缩的另一种做法是将外套管变形为外套环，使摆臂杆在套环内往复运动（图2-55c），从而实现摆臂杆长度可变化的要求。这种做法可进一步简化伸缩杆结构，节约臂杆用材。

a.固定长度摆杆　　　　　b.伸缩套管摆杆　　　　　c.套环摆杆

图2-55　固定摆臂杆结构

固定式摆臂杆在墙面或地面上虽有固定点，但由于臂杆在卷膜轴运行过程中必须随卷膜轴的运动而转动，所以摆臂杆在固定端必须安装可转动的转轴。实践中转轴的形式有两种：一种是套管转轴，另一种是销钉转轴（图2-56）。

套管转轴是活动套管外套在固定转轴的一种转轴形式（图2-56a）。固定转轴为一根直径20mm以上的圆管，卷膜系统安装时将其垂直山墙面部分插入墙体（插入深度200mm以上），部分外露墙面。活动套管是一根外径和摆臂杆相当、内径比固定转轴外径稍大（至少大2mm）、长度与固定转轴外露山墙长度相当的短钢管。套管垂直焊接于摆臂杆端部并外套于固定转轴在山墙面的伸出端，即形成摆臂杆的转轴。

销钉转轴是用一根钢筋或钢钉（称为销钉）替代套管转轴的固定转轴，进一步简化了套管转轴，而且更方便施工安装。施工中只要将销钉钉入山墙摆臂杆固定点位置并保留外露长度约2倍于摆臂杆直径，即完成对销钉的施工安装。在摆臂杆的臂杆上靠近固定点端部的位置垂直臂杆长度方向开设通孔，将销钉插入该通孔中并在摆臂杆外侧销钉上安装钉丝（阻止摆臂杆脱位）即完成对转轴的安装。

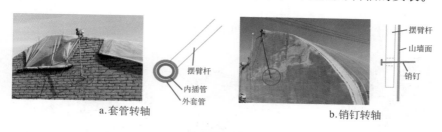

a.套管转轴　　　　　　　　　　　　　　　b.销钉转轴

图2-56　摆臂杆固定点转轴形式

2.3.3　齿轮齿条开窗

齿轮齿条开窗系统在日光温室中主要用于以刚性透光覆盖材料（如玻璃和PC板）和保温板材（主要为保温后屋面窗）为窗扇的通风窗，而且窗扇的开启方式基本为上悬形式。

齿轮齿条开窗系统主要由电机及减速机、齿轮、齿条和转轴等组成。电机一般为交流电机，220V或380V动力电驱动。在窗扇的下沿安装齿条，在电机驱动的转轴上安装齿轮，齿轮和齿条一一对应，转轴转动同步带动齿轮转动，由此驱动齿条运动，推拉窗扇下沿，将通风窗打开或关闭。

齿轮齿条开窗系统不仅可用于控制连续的屋脊窗和前屋面底脚

窗启闭（图2-57），而且可用于同时启闭在一条直线上布置的多个独立分散的通风窗，可以是屋脊窗，也可以是前屋面底脚窗（图2-58）或后屋面保温窗。

a.屋脊通风窗　　　　　　　　b.前屋面底脚通风窗

图2-57　齿轮齿条开窗机用于启闭连续通风窗

对于独立分散的通风窗，由于启闭单个窗户需要的动力较小，每扇窗扇的下沿中部安装1根齿条即可（图2-58a、c），但为了保证安全，有的温室在每扇窗扇上安装了2根齿条（图2-58b）。对于连续的通风窗，齿条一般按照3～6m的间隔均匀设置。

a.屋脊通风窗单齿条开启　b.屋脊通风窗双齿条开启　c.前屋面底脚通风窗单齿条开启

图2-58　齿轮齿条开窗机用于启闭独立通风窗

温室开窗用齿条一般有直齿条和弧形齿条之分（图2-59）。屋脊通风窗，由于所处位置较高，选用直齿条或弧形齿条基本不影响开窗和室内种植作业（图2-58a、b，图2-59a），可根据齿条的造价和室内美观要求选用；但对于前屋面底脚通风窗，由于其位置较低，如果选用直齿条，窗扇关闭后齿条将在室内占用较大的种植作业空间，尤其可能会触碰作业人员，因此，基本都选用弧形齿条。

转轴选用圆管，用轴承座固定在温室骨架上，轴承座的间距根据骨架间距确定，一般控制在2～3m。电机及减速机一般置于转轴的中部，根据需要也可以置于转轴的一端。

a.直齿条   b.弧形齿条

图2-59　温室通风窗用齿条形式

3 温室保温

　　保温是日光温室有别于连栋温室和塑料大棚最重要的特征，正是其高效保温辅以主被动储放热才使其在严寒冬季的夜晚能够在不加温或少加温的条件下保证室内作物适宜生长温度，从而以高效节能的运行模式保证作物安全越冬生产。

　　日光温室的保温包括墙体保温、后屋面保温和前屋面保温，只有形成整体且严密的保温，才能实现日光温室的高效保温。其中，墙体保温和后屋面保温在温室设计和建设过程中已经固定，温室生产过程中，这些部位的保温基本无法改变，只有温室的前屋面采用柔性保温被覆盖保温，白天保温被卷起温室采光，夜晚保温被覆盖温室保温（近年来研究发展出来的活动后屋面，甚至活动后墙面温室也具有和前屋面相同的保温方式）。因此，本章日光温室的保温技术与设备将主要聚焦在以卷放柔性保温被为对象的技术和设备。

　　对以柔性保温被为主体的保温技术，其核心内容包括保温被的保温特性和保温被覆盖后的密封，与之相关的设备主要为卷帘机及其控制技术与设备。

3.1　温室保温被

3.1.1　日光温室生产对保温被的要求

　　日光温室保温被主要用于温室前屋面夜间的围护保温。由于被长期置于室外环境，要保证保温被持续的保温性能，除了保温要求外，还必须能够抵抗室外风雪雨霜和极端高低温度以及太阳辐射等自然环境的长期侵蚀，为此，选择和使用保温被时应重点关注保温被的热工性能、力学性能、防水性能和耐老化性能等。

（1）**力学性能**　力学性能主要指保温被的抗拉强度。采用卷轴卷放保温被时，保温被整体承受拉力。如果保温被的抗拉强度不够，在卷放的过程中保温被会被拉长、拉薄，甚至被拉断（主要表现为保温芯局部镂空），不仅严重影响材料的保温性能，而且可能会直接导致其失去使用功能。

抗拉强度是材料在拉断前所能承受的最大拉力，单位为兆帕（MPa）。材料抗拉强度越高，所能承受的拉力越大。但抗拉强度是断裂时所能承受的最大拉力，该特征值没有表达出材料在拉断之前的拉伸变形，如果保温被在拉断之前拉伸过长，将会减薄保温被，并降低材料的保温性能。为此，对于保温被材料而言，拉伸变形也应被考虑为一个重要的力学指标进行甄选。拉伸变形可用材料在拉伸断裂前的伸长率来衡量，材料的拉伸伸长率越大说明材料的变形能力越强。保温被选择时，应尽量选择拉伸伸长率较小的材料。松软、轻质的保温材料一般抗拉强度较低而拉伸伸长率又较高，为了保证保温被材料要求的力学性能，一般应在保温材料的两侧复合具有一定抗拉强度的面层材料，该面层材料如同时具备防水和抗老化性能，将会大大降低保温被的运行成本，增强使用功能。

（2）**热工性能**　保温被的热工性能主要指导热系数。导热系数是在稳定传热条件下，1m厚的材料，两侧表面温差为1℃，在一定时间内，通过1m^{2}面积传递的热量，单位为W/（m·K）。不同材料的导热系数不同。作为温室前屋面保温被材料的导热系数一般要求在0.01W/（m·K）数量级。

导热系数是材料本身的特性，但用于衡量日光温室保温被的保温性能还取决于保温被的厚度。导热系数相同的材料，厚度越大，保温性能越好。热阻是考虑材料厚度后表征材料隔热保温性能的一个基本参数，是材料厚度与材料导热系数之比，单位为平方米度每瓦[（m^2·K）/W]。热阻越大，材料的隔热保温能力越强。日光温室前屋面保温被的热阻至少应达到后屋面热阻的一半以上。

（3）**防水性能**　保温被一般均是多孔材料，依靠孔隙中静止空气隔热是保温材料的一个基本特征。材料内部的孔隙分为封闭孔隙和贯通孔隙。对于内部孔隙封闭的材料，外界水分难以渗透到材料孔隙中，因此，表现为材料不浸水、不透水，这种材料称为"自防水"材料。用自防水材料制成的保温被可不考虑材料的防水性能。但如果材料不具有自防水能力，用作日光温室保温材料时就必须要对其进行防水处理，因为如果不做防水处理，在雨雪天气，雨水浸入保温被的孔隙后：一是直接降低材料的保温性能，影响温室的保温性能；二是增大保温被的重量，影响温室结构的安全性能；三是渗入保温被内部孔隙的水气由于保温被外层防水材料的阻隔一般"易进难出"，保温被中长期存水也可能会诱发微生物的滋生，造成保温被内部霉变，直接影响材料的使用寿命。

为此，对于非自防水材料，用于温室保温被时应在其两侧表面附加防水层，常用的做法包括附加复合塑料薄膜、闭孔的发泡聚乙烯、防水布、表面淋塑的无纺布等，有的采用单层材料，也有的采用多层材料，如在塑料薄膜外再增加一层无纺布等，对防水的塑料薄膜再进行二次保护：一是保护塑料薄膜不被划伤，达到保温被可靠防水的要求；二是还可以增大保温被的热阻，从而进一步提高保温被的保温性能。

（4）**抗老化**　材料的抗老化是一个综合的概念，涵盖包括抵抗长期强烈阳光照射、风吹雨打、高低温环境等引起材料性能下降的能力。这里所说的"性能下降"，包括力学强度下降、保温性能下降或防水性能下降等，其中任何一项指标达到不能满足生产要求条件时即判定为材料老化。老化后失去功能的材料必须更换。材料的抗老化性能直接影响保温被的使用性能和使用寿命，一般无机材料的抗老化能力要强于有机材料。

3.1.2　日光温室常用保温被材料

保温被是日光温室前屋面保温必不可少的材料，近年来的轻型组装结构日光温室甚至在后屋面和后墙都使用保温被围护和保温。所以保温被的性能不仅影响温室的建设和运行成本，而且将直接关系到日光温室运行的保温性能。也正因为保温被是日光温室保温必不可少的材料，因此，伴随日光温室的发展，保温被材料也一直在不断发展和更新。

（1）**草苫**　包括稻草草苫和蒲草草苫，是我国日光温室外保温最早使用的保温材料（图3-1），至今仍在使用。草苫厚度一般为2～3cm，幅宽为1.2m左右。在寒冷地区，为了进一步提高温室屋面的保温性能，还可采用双层草苫，错缝铺压，更能有效保证温室内夜间最低作物生长温度。

图3-1 草苫

草苫是农业资源的再利用，具有生态和环保的效果。松软的草苫具有良好的保温性能，不仅可用于温室前屋面保温，而且可用于温室后屋面和后墙的保温。典型的草墙温室就是全部使用草苫做结构围护和保温的温室。草苫作为前屋面保温的最大优点是重量大，抵抗风力的能力强。

草苫的缺点：一是自身吸水能力强，防水性能差，遇水后自身重量增大，保温性能降低，不仅影响温室的保温性能，而且显著增大温室结构的荷载，卷放保温被需要的拉拽力也会成倍增加；二是由于自身为非闭孔的多孔材料，防冷风渗透的能力差，在有风的天气条件下，冷风会穿过草苫的孔隙，从而降低草苫的保温性能。

为提高草苫的保温性能，早期的做法是在草苫下铺设2～4层牛皮纸，可避免冷风直接穿透到温室屋面。后来的做法是在草苫外铺设一层防水、防风的防护层，包括无纺布和塑料薄膜等，可有效提高草苫的保温性能。

草苫的强度和使用寿命取决于绑扎草苫线绳的性能和草苫绑扎的松紧度。用于绑扎草苫的线绳可用麻绳或尼伦绳，在阳光曝晒下这些有机材料的使用寿命一般为3～5年。草苫绑扎松软，孔隙多，保温性能好，但强度低，会直接影响其使用寿命。草苫的使用寿命一般为3年左右。表述保温被质量的指标主要为厚度和单位面积重量。厚度越厚，材料的保温性能越好；相同厚度条件下单位面积重量越重，说明材料绑扎越紧密，材料的强度和使用寿命越长。

早期保温被生产都采用人工绑扎，随着人力成本增加以及日光温室建设面积不断扩大，对保温被材料数量要求激增，目前已经有专门的草苫绑扎流水线生产机械，可按照用户对幅宽和厚度的要求连续生产，并按长度要求剪裁。由此，一方面降低了生产成本，另一方面也使产品的质量有了统一的标准。

（2）针刺毡保温被　是用纺织厂布料的下脚料或废旧衣物等，经过除尘、去杂、蓬松后，再经镇压和针刺而形成的一种多孔而蓬松的保温材料（图3-2）。由于使用纺织工业的下脚料，所以是一种环保、生态的材料，且保温好、成本低，是目前日光温室中使用量最大的一种保温材料。

图3-2　针刺毡保温被

　　针刺毡保温材料由于自身强度低，不能自防水，用做日光温室保温被时一般只能用于保温芯，不能直接使用，常用的做法是在其两侧表面附加防护材料。用于针刺毡保温材料表面防护的材料通常有"的确良"布料、"牛津布"等，也有采用塑料薄膜或无纺布防护的。采用无纺布防护时，为增强保温被的防水性能，要求在无纺布的表面浇淋一层塑料膜，称为"淋塑膜"。由于采用布料保护针刺毡保温被芯时往往采用针线将布料与保温芯缝合在一起，缝合多层材料的针眼往往成为使用过程中雨水进入保温被芯的主要通道，而由于表面覆盖层多经过防水处理，所以，通过针眼进入保温层内部的水分很难再蒸发出来，这将直接影响材料的保温性能。为此，目前采用布料缝合的保温被一般也要求在缝合的针眼处进行热塑浇淋，以完全密封针眼，保证材料的防水性能和使用寿命。

　　针刺保温芯由于自身强度较低，用此制成的保温被的强度及使用寿命完全取决于其表面覆盖材料的强度和寿命。

　　相比草苫保温被，针刺毡保温被生产的工业化水平高、单位面积质量轻，采用机械卷放保温被时所用卷帘机的功率也相应小。但由于材料质量轻，用作室外屋面保温被时防风的能力就差，铺放保温被后应采用压被绳固定，以保证保温被的安全覆盖。为增强温室的保温性能，或保证针刺毡保温被覆盖的安全性，也可在针刺毡保温被上再覆盖一层草苫。当然，针刺毡保温被用于室内保温时，上述防风的问题将不复存在，轻质、保温的特点将会得到更好的展现。

（3）**发泡聚乙烯** 是采用工业的发泡技术将聚乙烯发泡成片状材料用做日光温室的保温被。由于发泡形成的内部孔隙为闭孔孔隙，所以发泡聚乙烯材料为一种自防水材料。但由于材料本身抗拉强度较低，为满足保温被卷放拉拽的需要，用发泡聚乙烯材料制作的保温被一般也需要在两侧表面黏合覆盖一层具有一定抗拉强度的布面，便宜的材料主要有"的确良"等（图3-3）。

a.覆盖使用状态　　　　　　　b.安装前

图3-3　发泡聚乙烯保温被

发泡聚乙烯保温被的厚度一般为1cm左右，其重量比针刺毡还轻，卷放过程中不宜被压薄，保温性比针刺毡好，但其柔韧性较针刺毡差，卷起后被卷直径比针刺毡大。与针刺毡保温被一样，作为温室外保温被使用时需要重点考虑保温被防风的问题。

发泡聚乙烯保温被抗老化能力强，使用寿命长，一般可使用5～8年，但由于造价相对高，一次性投入大，影响了其大面积推广，而且原料为石油产品，价格随石油价格的波动而变化，在倡导低碳、环保的大环境中，这种材料的推广应用受到一定限制。

（4）**腈纶棉** 是传统的工业产品保温材料，质量轻、保温性能好。如同棉絮一样，腈纶棉自身为非闭孔材料，强度很低，用作温室保温被保温芯时必须在两侧复合防水和抗拉强度高的面层材料（图3-4）。

与针刺毡保温被相比，腈纶棉更蓬松，受拉、压外力作用后变形

图3-4　腈纶棉保温被

更大，因此，表面面料的防水和强度直接影响其使用寿命。由于质量较针刺毡更轻，对防风的要求更高，所以这种保温被更适合用于温室的内保温被以及轻型组装结构的固定后屋面和后墙的固定保温。

（5）**橡塑保温被**　如同发泡聚乙烯保温被，是用橡塑材料经工业发泡而形成的多孔片材，而且发泡后内部孔隙为闭孔孔隙，是一种自防水材料。为了增强材料的强度和使用寿命，生产中在橡塑保温芯的两侧热合了一层耐老化且具有一定抗拉强度的PE膜。PE膜可以是黑色或白色材料，由此可以做成"黑＋白"和"白＋白"两种组合颜色的保温被。一般白色面朝室内，可反射室内红外辐射，有利于增强温室的保温性能；黑色面朝外，接受太阳辐射后快速升温，能使保温被表面的降雪或夜间的冰霜很快融化（图3-5）。

a.铺展状态　　　　　　　　　　　b.卷起状态

图3-5　橡塑保温被

橡塑保温被的厚度可为2～3cm，用于后墙或后屋面固定保温时可双层覆盖，总厚度可达6cm左右。由于表面热合了一层耐老化的PE膜，使用寿命可达8年左右。此外，单幅保温被的表面保护膜工厂生产中长出保温被芯边沿而形成保温被的"裙边"，在安装保温被时，先对接保温芯，然后将"裙边"热合到相邻保温被的表面可形成密封严密的整幅保温被，由此可大大提高保温被的保温性能。

和发泡聚乙烯保温被材料一样，橡塑保温被材料主要使用橡胶和石油材料，都是重要的工业原料，相对价格较高，而且价格波动也较大，材料的制造成本较高，一次性投入大，直接影响了这种材料的大面积推广应用，但按照年均使用成本计算，由于其使用寿命长，年折旧摊销的费用低，对于一次性投资能力强的温室建设者仍具有较强的吸引力，而且可省去频繁更换保温被的人力成本，从另一个角度也节约了保温被的运行成本。

3.2 保温被的搭接密封与防护

3.2.1 保温被搭接密封

保温被是夜间覆盖温室采光面（前屋面）减少其传热的核心部件。其对温室保温性能的影响除了材料本身的热阻外，严密的密封是保证温室保温性能的主要手段。传统的保温被大都是幅宽2m左右的单幅被。如何将单幅被连接成为一个整体，并保证各连接接缝严密密封是工程设计和施工安装的关键。

3.2.1.1 单幅保温被之间的连接

保温被在覆盖温室屋面时，沿温室跨度方向一般为一幅整长的被幅，上边固定在温室后屋面或后墙（称为固定边），下边缠绕并固定在卷被轴上（称为活动边），随卷被轴的正反转而卷起或张铺在温室屋面。保温被幅与幅之间基本都采用搭接方式将屋面上所有保温被连接为一个整体，搭接连接的方式包括直接搭接、扣环搭接（线绳穿孔连接）、粘接搭接（子母粘粘接）等。

（1）**直接搭接**　就是单幅保温被一幅压一幅，保温被间不附加任何连接构件。这种搭接方式要求保温被自身重量大，大风天气条件下保温被不会被风刮起。传统的草苦保温被基本都采用这种搭接方式（图3-1）。轻质的保温被如果采用直接搭接方式连接，应在保温被表面沿温室屋面跨度方向敷设压被绳，保温被覆盖温室屋面后用压被绳压紧保温被，可防止大风吹起保温被。保温被搭接要求：一是搭接的压幅宽度应足够，尤其要考虑保温被在卷放过程中可能会发生幅与幅之间的错位，如果搭接幅宽不够可能会出现搭接不严的问题；二是搭接的方式应按照当地冬季主导风向，上幅压下幅应按照顺风方向搭接，不得反向搭接，以免逆风从保温被搭接缝隙进入造成保温密封失效，甚至会掀起保温被，造成保温覆盖的生产事故。

（2）**扣环搭接**　就是在每幅保温被的侧边，沿单幅保温被长度方向，按照一定间距安装环扣。搭接保温被时，用麻绳或尼伦绳串联保温被环扣，将上下两幅保温被连接在一起。这种搭接方式保温被之间的铺放位置有两种形式（图3-6）：一是一幅保温被压在相邻二幅保温被的上面或下面（称为"一压二"）；二是采用上述直接搭接的方式，保温被一侧边在其相邻保温被的上面，另一侧边在其相邻保温被的下面（称为"一压一"）。对于主导风向明显的地区，显然采用直

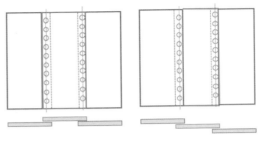

a.一压二搭接方式　　　　b.一压一搭接方式

图3-6　扣环搭接方式

接搭接方式并将压茬与主导风向一致是最好的选择。

（3）绳带连接　绳带连接相邻二幅保温被的方法和扣环连接方法基本相同，都是间隔一定距离对相邻二幅保温被进行点式连接。所不同的是绳带连接是在保温被的两侧边间隔一定距离缝制10~20cm长的绳带，保温被安装时只要将相邻二幅保温被对应的绳带连接系扣在一起即可完成对整幅保温被的整体连接，如同衣服系扣一样。相邻二幅保温被的搭接方式和扣环搭接相同，也分为"一压一"和"一压二"两种方式。需要注意的是如果保温被两侧防水面层材料不同，保温被不同的搭接方式会影响绳带的安装位置，制造和安装时应注意两者的正确配合。

（4）粘接搭接　粘接搭接就是在每幅保温被的两侧边缝制子母粘。保温被安装时只要按照子母粘的对应关系，将相邻二幅保温被通过子母粘粘接即形成一整幅完整的保温被。相比直接搭接、扣环搭接或绳带连接，这种连接方式彻底消除了

图3-7　子母粘连接保温被

相邻二幅保温被搭接的缝隙，保温被搭接严密、连接牢固，安装时可完全不用考虑温室建设地的主要风向。这种搭接方式主要使用在针刺毡保温被中。

（5）整体连接　整体连接是橡塑保温被特有的一种连接方式。单幅保温被两侧的面层在制造过程中留有裙边，保温被安装时，只要将

相邻二幅保温被的保温芯对接在一起，将一幅被的裙边搭接在另一幅被的表面，用热合的方式将裙边与保温被面层双面热合在一起，即形成一幅覆盖温室屋面的整体保温被，从外表看被与被之间没有任何连接缝隙（图3-5），因此，这种连接方式的密封和防水性能都达到最佳。

3.2.1.2 整幅保温被固定边在温室后屋面的固定与密封

不论是草苫还是其他材料的保温被，也不论是手动或电动拉绳卷被还是机械转轴卷被，安装在日光温室上的保温被都必须有一条边（称为固定边）沿温室长度方向永久固定在温室后屋面上。如何在日光温室后屋面上经济、方便、有效地固定保温被的固定边，使其在保温被卷放过程中不致被卷帘机拉坏，还能保证有效防水和防风，从而延长保温被的使用寿命，不同的温室建设者采用的做法不尽相同，但总结起来大体可分为点式固定法和线式固定法两种形式。

（1）点式固定法 就是用不连续的点断续固定保温被的固定边。图3-8是点式固定法的几种典型做法。从表面上看，对保温被固定边的固定都是点式固定，但保温被外或保温被下却有一条（组）与保温被固定边平行的预埋件与之相配套。图3-8a采用一组点式预埋件，即在温室后屋面上沿温室长度方向间隔预埋U形或Γ形埋件，一条通长的钢筋或钢管（也有的用钢丝）穿过U形或Γ形埋件并固定，形成固定保温被固定边的固定支杆（线）。在保温被固定边边缘，按照一定间距用一根细铁丝穿过保温被后再固定到该固定支杆（线）上，即可完成对保温被固定边的固定。这种做法，铁丝在保温被上穿系的位置比较随意，施工中按照一定的间距设置即可。但这种固定方法，细铁丝在保温被承受拉力后容易撕破保温被，不利于延长保温被的使用寿命。

为了解决直接在保温被上用细铁丝穿孔造成保温被被撕裂的问题，有的保温被生产企业在保温被出厂时就在固定边上按照一定的间隔预置穿孔，并用金属材料（通常为不锈钢或镀锌钢带）对穿孔护边（图3-8b）。这种做法由于金属护圈的保护，保温被被撕裂的概率大大降低。由图3-8b还可以看出，沿温室后屋面长度方向设置的保温被固定支杆（线）也改用通长连续的角钢（角钢下按照一定的间隔设置预埋件，并将角钢焊接到预埋件上），连接保温被与固定角钢的细铁丝也改为布带、塑料绳等系带材料（可因地制宜选择材料），对保温被的损伤进一步降低。

应该说图3-8b的做法比图3-8a的做法不论对保温被的保护还是对后屋面防水（单点固定在保温被受拉时容易破坏埋件位置屋面的防水）的影响都有了很大的改善。

图3-8c是另外一种典型的点式固定方法。该方法是用自攻自钻的大铆钉直接钻穿保温被后，与预埋在保温被下部的预埋钢板连为一体。更换保温被时，用电钻退出大铆钉，替换旧保温被后再在原位或更换位置重新打钻固定保温被。这种做法对保温被固定边的固压效果好，而且对温室后屋面防水几乎没有影响。

 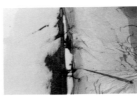 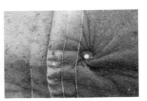

a.保温被直接穿线固定　　　b.保温被打孔穿线固定　　　c.保温被穿螺栓固定

图3-8　保温被固定边点式固定法

对图3-8c固定方法的一种改进是直接在预埋条上按照一定间距焊接螺栓（螺栓是预埋件的一部分）。安装保温被时沿预埋条固定保温被的固定边，当固定边遇到预埋螺栓时，用螺栓将保温被捅破，使螺栓从保温被中穿出，再用带丝扣的盖板（相当于螺帽）拧盖到螺栓上，从而固紧保温被固定边（图3-9）。这种做法不用手（电）钻，但安装保温被时用螺栓捅破保温被需要一定的力量，对保温被的损伤也较大，不能绷紧保温被时容易引起保温被安装的皱褶。

图3-9　螺栓穿孔固定保温被的点式固定法

（2）线式固定法　点式固定法，保温被固定边在卷帘机拉拽时均为局部受力，受力点单位面积所受的拉力较大，保温被容易被撕裂，此外，相邻两个固定点之间的保温被固定边由于不受任何约束，在北风吹袭（我国北方地区冬季主要为西北风）时，冷风容易灌入保温被的内侧（保温被与屋面之间），直接降低保温被的保温性能，而且还会给保温被增加附加外力，进而降低保温被的抗拉能力。

为了解决点式固定法的上述问题，目前大量保温被固定均采用线式固定法。所谓线式固定法就是用通长的压条将保温被的固定边连续固定（图3-10）。

线式固定法可以说是图3-9所示螺栓穿孔保温被点式固定法的一种改进和升级。其做法是在这种点式

图3-10 线式固定法

固定法中的每个螺栓加盖螺帽前增加了一条沿保温被固定边方向通长的压条。压条的作用使原来保温被固定边的点受力变成了线受力，从而大大增强了保温被固定边承受拉力的能力，而且对固定边的密封更严密。

这种固定法的安装过程如图3-11。首先清理预埋螺栓周围的杂物，然后将每幅保温被平整地铺设在温室屋面（包括前屋面和部分后屋面），保证铺设平整和相互之间的完整搭接后，在预埋螺栓所在位置将保温被的固定边用螺栓穿孔并固定在预埋螺栓上，之后再将带螺孔的钢板压条套到预埋螺栓上并压紧保温被，最后在每个预埋螺栓上扣螺帽，将钢板压条压紧。这样就形成了一条沿保温被固定

a.预埋螺栓　　　　b.将预埋螺栓穿过保温被　　　c.固定压条

图3-11 线式固定法的安装过程

边通长方向的连续压带，实现保温被固定边的线式固定。

为了增强对保温被的防水，有的温室生产者在保温被的外表面再单独覆盖一层防水布，这层防水布独立使用一套卷膜器，和保温被卷放分开控制。保温被卷起时先卷起防水布，后卷起保温被；保温被展开时，先展开保温被，后展开防水布。由于保温被和防水布是两种质地和结构完全不同的材料，重量、厚度和使用寿命均不同，为了固定和更换方便，保温被固定边采用压条连续固定的方法，而防水布固定边则采用固定塑料薄膜用的卡槽卡簧组件固定（图3-12），这实际上是一种更严密的线式固定法。相比压条固定，卡槽卡簧固定的密封性更好，防水效果更佳。但卡槽卡簧组件的固定方法仅适用于厚度较薄的防水布，而且应该用深度较大的卡槽，大风地区还可选择使用双卡丝固定，不仅防水，而且防风。

　　　　a.压条布置方法　　　　　　　b.防水布覆盖后的状态

图3-12　覆盖防水布的保温被和防水布固定边线式固定方法

上述不论是点式还是线式固定方法都需要在保温被固定边穿孔，不仅破坏保温被，影响保温被的强度，而且孔眼处容易渗水，影响保温被的保温性能。为了从根本上解决保温被穿孔的问题，有人发明了一种压杆式固被方法（图3-13a）。这种方法采用整根的槽钢（也可以是方钢或角钢），在槽钢上间隔一定距离焊接支杆，支杆可以是单支（图3-13b），也可以是双支（图3-13c），支杆的另一端栓接到直立固定在温室屋面的短立柱上。松动或拆卸支杆与短立柱之间的连接螺栓可以调整压杆的位置，实现对保温被的打开或压紧。这种固定方法非常方便保温被的拆装，完全不用在保温被上打孔，从而不会对保温被造成损伤。为增加保温被固定的安全性，图3-13c的工程案例中还附加了保温被边沿扣环点式固定。

a.压紧保温被状态 　　　 b.压杆打开状态 　　　　 c.双支支杆节点大样

图3-13 槽钢压杆通长整体固定保温被固定边的线式固定方法

3.2.1.3 整幅保温被两侧活动边密封

在解决了单幅保温被整幅连接以及整幅保温被在后屋面的固定后，对温室保温被的密封就只剩整幅保温被东西两侧的侧边和卷被轴位置的底边3个活动边了。保证这3个边的密封即可保证整幅保温被的完全密封。保温被在卷被轴上的固定一般是将保温被缠绕在卷被轴上用钢丝或卡带将其紧扣在卷被轴上即可，在施工安装以及生产运行中可以随时调整和加强。但保温被在温室东西两侧的活动边密封问题则需要在设计上给出方案，实践中主要有搭接密封和压带密封两种方式。

（1）**搭接密封** 在温室东西两侧紧靠山墙的一个开间屋面上固定覆盖一幅与屋面保温被相同材料和厚度的保温被（称为密封保温被），屋面整幅保温被的长度与温室屋面长度等长，由此在屋面活动保温被覆盖温室屋面时，将与密封保温被形成搭接密封。也有的温室不设密封保温被，但活动保温被必须完整覆盖温室山墙（图3-14a）。虽然固定的密封保温被白天不能卷起会影响温室局部采光，但其与活动保温被搭接密封后可保证温室屋面的整体保温，不会出现由于活动保温被在运行过程中因为走偏等原因而发生覆盖不严或覆盖漏空现象，由此可保证温室的整体保温性能。

固定密封保温被可以布置在温室外表面（屋面塑料薄膜之上，

图3-14b），也可以安装在温室屋面骨架上塑料薄膜下部（图3-14c）。前者密封被在塑料薄膜安装后安装，不受温室工程建设的影响，生产运行中可随时安装和拆卸（冬季安装保温，夏季拆卸后保存），但保温被裸露在室外环境，直接面对室外风雨，对保温被的防水和固定要求更高，更换塑料薄膜必须首先拆卸密封保温被；后者密封被在安装屋面塑料薄膜之前安装，保温被长期置于温室室内，不受室外风雨的影响，而且屋面塑料薄膜的更换也无需拆卸密封保温被。两者相比较，似乎后者的优点更多。

a.端部无密封被的温室　　　b.密封被设置在薄膜外表面　　c.密封被设置在薄膜下

图3-14　温室两侧靠近山墙屋面密封保温被设置方式

对于卷帘机中置的卷被系统，除了在温室两侧山墙处设置固定的密封保温被外，在卷帘机机头下还应设置一幅密封保温被，以保证温室屋面保温被的整体密封性。因为中置卷帘机将屋面活动保温被实际分成了两大幅，在卷帘机的机头下形成了保温被覆盖的空隙。如果不能密封这一空隙，将形成温室屋面保温巨大的"天窗"，局部的保温失效将直接影响温室的整体保温。

和靠近山墙屋面的密封被一样，机头下的密封被也可以设置在屋面塑料薄膜之上或之下。设置在塑料薄膜之下为永久固定的密封被，而设置在塑料薄膜之上将可以是固定密封被（图3-15a），也可以是活动密封被（3-15b）。所谓活动密封被，就是该密封被不是永久固定不动，而是白天随屋面保温被的卷起而卷起，晚间随屋面保温被的覆盖而覆盖。活动密封被有效解决了固定密封被白天遮挡阳光进入温室，在室内形成大面积阴影的问题，对提高温室内温度和光照均匀度均具有良好效果。在条件允许的情况下，应尽量采用活动密封被。

a.固定密封被　　　　　　　　　　b.活动密封被

图3-15　中置卷帘机下密封保温被设置

对于中置式卷帘机机头下外置的固定密封被，在施工和管理中要切实做到牢固固定。常用的固定方法是在密封被的下沿放置石块、砖块或沙袋等（图3-16a、b）。但由于该部位密封被面积小、重量轻，在大风天气容易被风掀起（图3-16a），因此，可靠的固定方法还是采用压条等方法将保温被与温室骨架牢固连接（图3-16c）。

a.砖块沙袋压边　　　　　　b.石块压边　　　　　　c.压条与骨架连接压边

图3-16　中置卷帘机下固定密封保温被的固定方式

（2）压被绳固被　密封被搭接密封保温被的活动侧边，密封可靠，但需要附加设置两幅保温被，而且固定密封被也直接影响温室的采光。为了避免密封被遮光并节省保温被材料、降低建设投资，实现保温被密封，生产中常用的另一种密封方法就是压被绳（带）固被法。该方法就是在晚间保温被铺放后，用压被绳或带将保温被的边沿紧紧地压在日光温室的山墙表面（图3-17a）。遇到大风时，由于压被绳带的作用，风力不能掀起保温被的侧边，可有效避免冷风吹进保温被造成的保温被保温性能下降或机械损伤。该方法的核心部件是紧带器（图3-17b）。当保温被平铺后，一定要用紧带器手动将压被绳张紧，否则，压被绳的抗风作用将无法保证。

a.压被带固定　　　　　　　b.紧带器

图3-17　压被带固定保温被两侧活动边

当然，在保温被的边沿不采用固定或密封措施，而在保温被表面沿温室弧面安装压被绳，如同塑料薄膜的压膜线一样，同样也可以起到固定保温被的作用。风大的地区，压被绳的间距适当缩小，风力较小的地区，压被绳的间距适当增大。压被绳一端固定在保温被在屋脊位置的固定边，另一端固定在卷被轴上，随卷被轴运动与保温被一起被卷起或铺平。需要注意的是采用这种方法一定要将卷被轴在保温被覆盖时与地面或墙基牢固固定，否则，压被绳的设置将是形同虚设，不会起到任何作用。采用这种措施，既是保温被的西侧迎风边沿有风"贯入"保温被，由于压被绳的作用，风力也不可能将保温被整体掀起。实际生产中，这种措施应用较多。

压被绳固定保温被的方法，固被牢固、可靠，但需要每天卷被或放被时人工解开固被绳，不仅增加了生产者的作业量和作业时间，而且限制了保温被的自动控制。设置保温被自动控制的温室，屋面保温被两侧活动边的密封大多还是采用密封被密封的方式。

3.2.2　保温被防护

生产中使用的保温被大多质量轻、表面防水性能差、耐老化能力不高。为了延长保温被的使用寿命，温室建设和日常管理中应加强对保温被的防护，主要包括防风吹、日晒和雨淋等不利自然天气条件。

3.2.2.1　防风

蓬松、质轻是提高温室保温被保温性能的基本要求，但轻质的保温被在大风天气条件下易被掀起，尤其是在温室山墙侧屋面上如果保温被活动边沿没有固被绳压紧固定时。事实上，我国大部分日光温室保温被的东、西两侧活动边基本没有固定的措施。对无风或风力较小的地区，只要妥善固定卷被轴活动边，在卷被轴较重的条件下甚至不用固定卷被轴活动边，即能保证保温被的安全覆盖。但在多风或大风地区，如果不固定保温被两侧面的活动边，保温被在屋面负压的作用下将会被"浮起"，冷风将会通过保温被的两个活动侧边，直接"贯入"保温被的内部，使保温被的保温效果大大降低，而且在保温被的下部对保温被形成附加"浮力"，可能会造成保温被局部被撕裂，或使保温被的固定边和卷被轴边承受更大的拉力，造成固定边脱落，从而形成全局性的破坏。

为了避免保温被这种局部性或甚至全局性的破坏，采取措施在保温被展开时将其东、西两侧活动边固定，或采取挡风或导流措施，避免迎风面冷风直接"贯入"保温被，能够起到事半功倍的作用。

防止保温被侧边进风的方法通常有两种：一是导流法，二是固定法。前述压被绳法是典型的固定法。所谓导流法，就是将气流通过一定的措施引导到保温被的上表面，使其躲开保温被的迎风侧活动边，这样，就可以保证冷风不会直接"贯入"保温被，从而保证保温被的保温性能和整体抗风能力。生产实践中，山墙上常用的导流防风法主要有设置台阶和设置挡风板两种形式。

（1）山墙台阶导流防风　通常的做法是将日光温室西侧山墙顶面沿山墙剖面方向砌筑成台阶（图3-18），使保温被在台阶的低台面上运行。台阶的高台面既是人员操作上屋面的步道（可以是沿温室山墙方向的台阶），又是保温被侧边的防风挡墙。来自山墙面的迎风将越过台阶的高台面，跌落到保温被的上表面，而不会通过保温被的

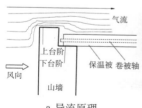
a.导流原理

b.山墙台阶

c.保温被覆盖状态

图3-18　山墙台阶导流防风

侧边进入保温被的下表面与温室屋面间的空间，从而保证保温被与温室屋面的紧密结合，对保温被起到保护作用。

这种方法由于卷帘机在运行过程中可能不能完全按照相同的运行轨迹运动，所以，台阶的低台面必须有足够的宽度，以避免卷被轴碰撞到高台的侧壁，造成卷帘机过载或卡住卷被轴。安装过程中将保温被的卷被轴端部离开山墙上台阶侧壁一定距离，形成卷被轴与山墙高台阶之间一定间隙，也是避免卷被轴运行偏离轨道后碰撞山墙的一种措施，但柔性保温被的活动边沿应尽可能靠近山墙上台阶侧壁以保证保温被密封。此外，山墙上低台面的出现也给屋面排水造成了一定的困难，具体设计中应在靠近高台的低台面上设置相应的排水槽，并做好防水处理。

我国北方地区一般冬季主导风向多为西北风，因此，日光温室保温被的西侧为迎风面，东侧为背风面。一般情况下，只要严格密封保温被的西侧边缘，避免迎风面强风将保温被掀起，基本就能够保证保温被的安全覆盖。所以，在一般的安全管理和防护中，为降低成本、减少卷帘机运行故障，往往仅保护保温被西侧边沿，而放弃保护东侧边沿。

（2）山墙挡风板导流防风　原理和砖墙台阶的导流防风原理相同，就是在温室山墙外墙面沿温室山墙的弧线设置一道高出山墙顶面的挡风板（图3-19）。这种挡风板尤其适用于山墙很薄的轻型组装结构温室。需要指出的是挡风板高出山墙的高度至少应大于保温被被卷的直径。

a.保温被卷起状态　　　　　b.保温被覆盖状态

图3-19　山墙挡风板导流防风

3.2.2.2 保温被防雨

对于针刺毡等自防水性能较差的保温被在春秋季节降雨量比较大的地区，尤其是夜雨比较多的地区，仅靠其自身的防水功能往往无法完全防护保温被被雨水淋湿而保证其保温性能。因此，对这种保温被的防雨十分重要。

对整幅保温被防雨，一般采用的措施是在保温被外增设一层整幅的塑料薄膜防水层。保温被覆盖温室前屋面后，塑料薄膜再覆盖在保温被上，可形成对保温被的严密防护。这种做法对保温被自身的外层防水要求也相应降低，保温被甚至可以取消外层保护面（图3-20），使保温被材料的成本得到相应降低。但取消保温被的外层防护层对整体防护的塑料薄膜的密封性要求就相应提高，任何塑料薄膜的孔洞都可能使水分通过孔洞渗入保温芯。但从另一个角度分析，由于保温被自身无防水保护层，渗入保温芯的水分在塑料薄膜防水膜卷起后能有机会被蒸发出来，从而弥补由于防水层漏洞造成的缺陷。尽管如此，做好防水塑料薄膜的整体密封性仍然是这一技术推广应用的前提。

图3-20 外保温被及防水膜

保护保温被的塑料薄膜采用摆臂卷膜方式卷放，在卷膜轴的一端安装卷膜电机，随卷膜电机的运动带动卷膜轴转动，从而带动防水膜卷起或铺展。由于保温被防水膜卷放的行程较长（相当于日光温室前屋面的弧面长度，可能超过10m），传统的日光温室或连栋塑料温室屋面开窗用的卷膜电机（一般卷膜行程在1m左右，不超过1.5m）因动力不足而不能直接采用。为此，需要配置专门设计大行程卷膜设备。图3-21是一种带轮小车，将卷膜电机及电机减速箱坐在移动小车上，使移动小车在温室一端山墙上运动，形成对保温被防水膜的摆臂驱动。手动控制电机减速机的正反转，可带动保温被防水膜的卷放。

采用摆臂式卷膜方式，卷膜轴的尺寸应适当加大。也正是采用了摆臂式卷膜，才使防水膜能够在屋面形成一个整体，有效克服了中卷式保温被在温室中部将保温被分段的问题。

对于大风地区，在防水膜覆盖保温被后尚应有固膜措施，保证防水塑料薄膜不被风刮起，进而影响对保温被的防护，或者甚至造成对温室屋面的破坏。

a.前部　　　　　　　　　　　　b.后部

图3-21　卷放保温被防水膜的驱动车

3.2.2.3　夏季保温被防护

日光温室在夏季高温季节基本处于休耕或是揭开塑料薄膜露天生产，即使配套了遮阳或降温设备进行温室生产，保温被也完全处于卷起闲置状态。但夏季往往是多雨季节，而且室外太阳辐射强度高，为延长保温被的使用寿命，有的温室管理者将保温被拆卸后集中放置在室内或在室外用防雨帐布覆盖（图2-22a），但更多的温室管理者是将保温被卷放到温室屋脊部位外罩无纺布等材料进行保护（图3-22b）。

a.拆卸的草帘放置在温室旁　　　　b.卷放在屋脊的保温被

图3-22　保温被夏季保护措施

将保温被拆卸后集中存放可使保温被免受风雨和日晒等自然环境的侵蚀，有效延长保温被的使用寿命，但这种做法每年拆装保温被需要消耗大量劳力，拆装的过程中也难免发生保温被撕裂、安装零部件丢失或损坏的情况，重新安装也存在安装质量不达标的风险。

将保温被卷放在温室屋脊的做法：一是要求保温被被卷要尽可能接近温室屋脊，如果被卷距离温室屋脊较远，夏季降雨期间在温室屋脊和被卷之间可能会形成积水，给温室结构增加额外的荷载，由此造成温室结构倒塌的案例也不在少数；二是要求对被卷进行表面防护，防止雨水浸入保温被，同时也防止太阳辐射直晒保温被；三是对被卷表面防护层要附加配重或其他固定措施，保证防护层在大风天气不被掀起。

3.3 卷被技术与卷帘机

3.3.1 保温被铺设方式

日光温室前屋面活动保温被可以铺设在温室外表面，称为外保温；也可以设置在温室内离开温室前屋面围护结构一定距离，称为内保温。传统的日光温室基本采用外保温的形式，但外保温形式，由于保温被长期置于室外环境，保温被除了基本的保温功能外，尚需要具有良好的防水、抗风和防老化等功能，对保温被功能要求多，相应造价也高。如果将保温被设置在室内，将不受室外强烈紫外线的照射，也不会受到风吹和雨淋，相应对保温被的功能要求降低，保温被的造价也会随之降低。但内保温需要在温室内另外增设保温被支撑结构，不仅增加了温室建造成本，还减小了温室空间，也增多了遮挡作物采光的骨架，在一定程度上会影响温室内作物的采光。此外，由于温室外表面塑料薄膜夜间没有保温覆盖，表面温度很低，内外表面容易结霜或甚至结冰，一方面早上保温被卷起后融化塑料薄膜表面冰霜需要消耗室内热量，融化后的水滴直接滴落到作物叶面或果实还可能引起作物病害；另一方面也影响薄膜的透光率，降低温室的采光量，不利于温室早晨的抢光和升温。因此，保温被采用室外覆盖还是室内覆盖要权衡利弊，综合考虑后确定。

对于风大、雨水多的地区，将保温被置于室内可省去外保温被铺放后的固定设施，对保温被的防水要求也相应降低，尤其对冬春季节降雪量大的地区，保温被置于室内，室外降雪降落到温室屋面的塑料薄膜后，由于塑料薄膜表面光滑，很容易滑落或清理。因此，在这些地区采用内保温，其综合性能要优于外保温。

内保温技术的出现，同时也为温室前屋面的保温增加了更多选项。单一的内保温与温室屋面塑料薄膜结合可形成"外膜内被"保温系统，这是经典的内保温技术；在内保温被下覆盖一层塑料薄膜，与温室屋面塑料薄膜结合可形成"双膜单被"保温系统；在"双膜单被"的基础上再设置外保温被，可形成"双膜双被"保温系统。内保温系统不仅自身具有良好的保温性能，而且保温被与温室前屋面结构间会形成一个隔热空间，进一步增强温室的保温能力，尤其在严寒地区，"双膜双被"保温系统更能显著提高温室的保温性能。在阳光充足、室外温度比较低的白天时段，揭开保温被，保留室内塑料薄膜，与温室外表面覆盖塑料薄膜间可形成空气间层，在基本不影响温室作物采光的条件下可大大增加温室前屋面白天的保温热阻，进而显著提升温室内空气温度，增加室内热量积聚。

卷放保温被的设备称为卷帘机或卷被机。因外保温和内保温在卷被空间上的不同，相对应的卷帘机也有差别，前者称为外保温卷帘机，后者称为内保温卷帘机。但也有的卷帘机可同时适用于室外卷被和室内卷被。

3.3.2　外保温卷被

日光温室卷帘机的发明和不断创新是日光温室环境控制从人力操作向机械化、自动化操作方向迈进的重大突破。纵观日光温室卷帘机的发展历程，大致可分为人力操作手动拉绳卷被阶段、电动拉绳卷被阶段和电动转轴卷被阶段，目前大部分的卷帘机都采用了电动转轴卷被的方式，并以此原理开发了多种形式的卷帘机。

3.3.2.1　手动拉绳卷被

在电动卷帘机发明之前，日光温室的外保温材料主要为稻草苫和蒲草苫（统称为草苫）。草苫为长条形单幅苫（宽度 1.0～2.0m，长度依据温室采光面弧长确定），温室保温依靠若干幅草苫，沿温室长度方向草苫侧边相互叠压而覆盖整个温室采光面。草苫的两个短边分别称为固定边和活动边，固定边固定在温室屋脊或后屋面，整幅草苫沿长度方向覆盖温室采光前屋面，白天卷起，温室采光；夜间铺展，温室保温。

　　早期卷放草苫主要依靠人力拉绳的方法完成。在每幅草苫的下部铺设1～2根麻绳或草绳（紧贴日光温室采光面塑料薄膜），一端（称为固定端）固定在屋脊或后屋面，有的甚至绕过温室后屋面固定到温室的后墙；另一端（称为活动端）通过草苫的下表面（与温室采光面塑料薄膜相贴的面）后从草苫的活动边绕到草苫的上（外）表面，并一直延伸到温室屋脊或后屋面后临时固定在温室后屋面上。操作人员站在温室的屋脊或后屋面，手持拉绳的活动端并向上拉绳，即可将草苫卷起（图3-23）。由于草苫自身重量较重，在一定的坡度上能够自动打开并下落铺展，为了防止白天拉起的草苫在自重作用下自动打开，草苫拉放到设定位置后应将拉绳的活动端拉紧并临时固定在温室后屋面。需要打开草苫时，只要解开临时固定的拉绳活动端，草苫将会依靠自重自动打开并铺展覆盖在温室采光前屋面。如果草苫卷起时停放屋面处的坡度较小，不能依靠自重自动打开，则可以用手推或脚踹的方式给草苫一个初始力，草苫也能自动打开。

图3-23　手动拉绳卷苫

　　这种启闭草苫的方式，设备投入少（主要为拉绳和固定拉绳的挂钩或拉线），建设成本低，但拉起草苫时费时费力，一般拉开一栋日光温室（长度80m左右）的草苫至少需要半小时时间，而且用单根绳卷放草苫时，卷放草苫还需要一定的经验和技巧，操作人员在拉起草苫时，要一边用力向上拉，一边还要观察草苫的重心和活动边的斜度，操作者必须通过不断调整拉绳位置，才能避免将草苫拉偏。为了提高拉苫的效率，保证拉苫过程中不会出现草苫拉偏，多数生产者在每幅草苫底下铺设2根绳拉苫（图3-23），但这种做法增加了1倍的拉绳材料用量。

　　如遇雨雪天气，草苫可能会浸水而使其自重显著增大。这种情况下，拉起草苫需要的力将会更大，对一般体力的农村妇女，拉苫将是一件非常消耗体力的工作，尤其对大跨度日光温室（草苫长，重量更重）。生产中有用拖拉机在温室后墙外拉拽雨水浸湿草苫的事例，可见，拉动草苫对操作者体力的要求有多大。

手动拉绳卷放保温被比较适用于保温被自重较重且温室采光前屋面坡度较大、保温被能够依靠自重自动打开的温室（其中也包括屋脊处局部坡度不大，但人工可触碰到能施加外力的温室）。对于保温被自重较轻且屋面坡度小，依靠自重不能自动打开保温被的温室，手动拉绳的方法还需要附加其他的措施（如附加下拉绳，操作人员在地面拉绳将保温被铺展），一般不再采用这种方法。当然，为了节约设备投入成本，在铺放草苫时，操作人员可以踩踏在已经铺展的草苫上手推或脚踹未打开的草苫，但这种操作方法花费的操作时间将更长。

随着日光温室面积的不断发展和农村年轻劳动力外出打工的不断增加，用机械替代人力卷放草苫已经成为加快日光温室发展、解放劳动力的必由出路。由此也促进了民间研发电动卷帘机的动力，在此强大市场需求的推动下，社会上陆续开发出了多种规格和形式的电动拉绳卷被式卷帘机和电动转轴卷被式卷帘机。

3.3.2.2　电动拉绳卷被式卷帘机

电动拉绳卷被式卷帘机（简称绳卷被卷帘机）主要由电机、减速机、卷绳轴、拉绳等组成，其工作原理和手动拉绳卷被的原理基本相同。所不同的是：①拉绳的动力由电动机替代了人力，动力更强，且省时省力。②拉绳的活动端不是临时固定在温室屋脊或后屋面上，而是在卷绳轴上缠绕若干圈后最终固定在卷绳轴上（图3-24）。卷绳轴的存在也省去了卷绳活动端在屋脊或后屋面上临时固定的装置或设施。③草苫或保温被不再是单幅顺序卷放，而是一栋温室一次性全部卷起或打开，由此大大提高了工作效率。④这种卷帘机不仅可以卷放自重较重的草苫，而且可以卷放自重较轻的各种保温被（包括发泡聚乙烯保温被、针刺毡保温被、发泡橡塑保温被等），使其应用范围得到大大拓展。⑤保温被卷放平直，不会出现蛇形变形。

图3-24　电动拉绳卷被卷帘机拉绳活动
端在卷轴上缠绕的方式

电机向卷绳轴传递动力的方式有多种形式。图3-25a是早期的一种动力传递方式，电机直联减速机，减速机输出轴连接小齿轮，通过链条将小齿轮上的动力传递到连接在卷绳轴上的大齿轮，并最终将电机动力传递到卷绳轴。采用齿轮齿条传递动力还可以再次减速（因为电机转速一般为1 440r/min，而卷绳轴的转速一般都控制在20～30 r/min，所以，中间的减速是必不可少的环节）。图3-25b是后来开发的一种通过皮带传输动力的卷帘机。电机的输出轴上安装皮带，皮带连接减速机的动力输入轴，减速机的动力输出轴直接连接卷绳轴。由于皮带较齿轮齿条造价低、安装维修方便，所以大量的卷帘机采用皮带传输的方法。从机械原理上讲，也可以将电机、减速机和卷绳轴均采用直联的方式，而省去皮带或齿轮齿条过渡，这是一种刚性动力传输方式。但因为刚性动力传输对电机、减速机和卷绳轴的安装精度要求较高，生产实践中，大多还是采用柔性动力传输的方法，且用皮带传输的卷帘机占市场的绝大多数。

a.电机直联减速机后再通过齿轮　　b.电机通过皮带连接减速机，
　齿条连接卷绳轴　　　　　　　　减速机直联卷绳轴

图3-25　电机向卷绳轴传输动力的方式

电动机的动力通过减速机和皮带或齿轮齿条传送到卷绳轴后将带动卷绳轴转动，保温被拉绳的活动端缠绕在卷绳轴上，随着卷绳轴的转动，拉绳活动端将不断缠绕到卷绳轴上，从而拉动拉绳卷起草苫或保温被。电机反转，则放松拉绳，草苫或保温被依靠自重自动打开。卷被绳的布置间距一般为6～10m。

对于自重较轻的保温被，或者虽然保温被的自重较重，但在屋脊处温室的屋面坡度较小，保温被依靠自重无法自动打开时，则需要在保温被上安装一套反拉的动力绳（称为铺被绳）（图3-26）。该反

拉动力绳区别与上拉绳（称为卷被绳），其一端固定在保温被的活动
边，另一端则通过安装在温室前屋面室外的换向轮（图3-26a）后沿
温室采光前屋面铺设并最终缠绕、固定在卷绳轴上（图3-26c）。当
保温被向上卷起时，铺被绳从卷绳轴上松开，通过换向轮后被卷在
保温被内；打开保温被时，卷绳轴反向转动，缠绕并拉紧铺被绳在
卷绳轴上的固定端，铺被绳通过地面换向轮换向后，形成向下的拉
力，隐藏在保温被内的铺被绳正好将保温被打开。铺被绳和卷被绳
在卷绳轴上要求错开位置布置，且每隔3～4根卷被绳铺设1根铺被
绳即可满足铺被的要求，因为铺展保温被时有被卷向下的自重作用，
相应对外力的需求将减少。

a.地面上的换向轮　　　b.反拉绳布置全貌　　　c.反拉绳在卷绳轴上安装

图3-26　电动拉绳卷被卷帘机反拉绳的布置与安装方式

　　电动拉绳卷被式卷帘机的电机减速机一般安装在温室长度方
向的中部后屋面上，卷绳轴则沿温室长度方向通过支撑轴架安装
在温室屋脊或后屋面上，其安装高度以卷被绳在保温被卷放过程
中不剐蹭温室采光面上铺展的保温被为原则，一般距离温室屋脊
0.8～1.2m。

　　电动拉绳卷被式卷帘机由于卷绳轴固定不动，拉绳的伸缩变形
也较小，所以设备运行平稳，卷放保温被比较平直，尤其适合于长
度较长的温室（长度超过100m的温室1台卷帘机也可以平稳运行），
是我国早期日光温室卷帘机主要推广应用的形式。但这种卷帘机需
要在温室屋面上安装卷绳轴和电机减速机的支座，对于轻型保温后
屋面可能没有合适的位置安装支座基础，大多是将支座腿穿过温室
后屋面焊接到温室屋面骨架上，一是安装的工作量大，二是温室后
屋面的防水难以保证。另外，在运行过程中，也需要经常观察和调

整卷绳的位置，一旦发生保温被偏位，就需要及时停机调整。有的操作者为了图方便或省事，经常在不停机的情况下调整卷绳，操作中时常会发生操作者衣袖、头发（主要指女同志的长头发）等被缠绕到卷绳轴上的情况，由此引发的伤亡事故在全国已出现多起，并引起了农业农村部等相关业务主管部门的重视。因此，近来新发展的日光温室配套的卷帘机基本淘汰了这种形式，而改用电动转轴卷被式卷帘机。

3.3.2.3 电动转轴卷被式卷帘机

电动转轴卷被式卷帘机是将保温被的活动边首先缠绕并固定在卷被轴上，电机减速机直接驱动卷被轴转动，并随卷被轴在屋面上的运动而同步运动，从而卷起或铺展保温被，实现保温被的卷放。由此可见，这种卷帘机的基本组成应包括卷被轴（含箍被卡具）、电机、减速机及其支撑杆或架（采用支撑杆架主要是要平衡卷被过程中被卷自重形成的向下的分力）。这种卷被方式动力传输直接，附加设备少，造价低，因此得到了市场的广泛欢迎，是近10多年来重点推广和应用的机型。

电动转轴卷被式卷帘机（以下简称轴卷被卷帘机）根据电机减速机在温室上所处的位置不同分为中置式和侧置式。中置式卷帘机是将电机减速机安装在温室沿长度方向的中部，减速机两端输出动力，分别连接两侧的卷被轴，同时驱动2根卷被轴转动；侧置式卷帘机则是将电机减速机安装在温室山墙一侧，减速机单侧输出动力只在一侧连接卷被轴。为了避免卷被轴过长出现动力丢失或卷被轴弯曲变形，导致保温被不能卷放到位等问题，一般单侧输出动力带动的卷被轴的长度多控制在50～60m或者更短的范围内，因此，对于温室长度为80～100m甚至更长的温室，多选用单台中置式卷帘机或采用2台侧置式卷帘机分别安装在温室两堵山墙的方案，显然后者增加了不少成本。

中置式卷帘机由于卷被轴从减速机两侧连接，在温室中部电机减速机所在位置处保温被不能连续安装，所以，必须在该断续位置永久性地铺设一幅固定保温被，以保持保温被覆盖后的整体密封性。由于该永久固定保温被在其他保温被卷起时仍然处于覆盖状态，将直接影响温室内的采光和升温，尤其是在覆盖保温被的正下方（图3-27a）。为了解决这个问题，有的温室生产者将供水水池/水罐和灌溉首部等设备布置在室内永久覆盖保温被的正下方阴影部位（图3-27b），但这种做法牺牲了温室中部光照最好的种植区域，是一种不完美的工程解决方案。一种永久解决问题的方法是在连接电机减速机的支撑杆上与卷被轴平行方向安装一根横撑，采用上述拉绳卷被的原理，在永久覆盖保温被的底部（贴近采光屋面塑料薄膜侧）铺设两根拉绳，将两根拉绳的活动端兜过保温被并拉紧固定在支撑杆上安装的横撑上，横撑随着支撑杆和电机减速机同步运动。这样，在卷起其他保温被时，即可将中间分离的永久覆盖保温被也同时被卷起（图3-27c）；展开保温被时，中间分离的永久覆盖保温被也将被同时展开。这种方案设备增加不多，但效果良好，值得推广。

a.中间覆盖永久保温被在室内形成的阴影　　b.在中间永久覆盖保温被室内阴影中布置设备　　c.将中间永久覆盖保温被做成可活动保温被

图3-27　永久固定保温被在室内形成的阴影及解决方法

各类电动转轴卷被式卷帘机，由于所用的卷被轴、电动机、减速机等主要部件基本相同，所以，区别不同卷帘机的特征就主要表现在支撑电动机与减速机的支架上。根据支撑和导引电机减速机的支架形式不同，可将轴卷被卷帘机分为二连杆卷帘机、行车式卷帘机、摆臂式卷帘机、滚轮式卷帘机、滑臂式卷帘机等形式。

（1）二连杆卷帘机

①结构组成。二连杆式卷帘机，也称二力杆式卷帘机，采用中间铰接的两根支杆形成连杆，连杆一端固定在温室南侧室外地面（称为固定端，对应支杆称为固定端支杆），另一端则连接到电机减速机上随电机减速机运动而运动（称为活动端，对应支杆称为活动

端支杆），连杆支撑并导引电机减速机沿温室前屋面弧面运动。

二连杆卷帘机可以中置安装，也可以侧置安装（图3-28）。中置二连杆卷帘机卷被长度长（可达100m以上），是日光温室最常用的外保温被卷帘机之一；侧置安装带动卷被轴的长度仅是中置安装的一半，但不需要设置电机下部的固定密封保温被，屋面遮光少。

a. 中置式   b. 侧置式

图3-28 标准形式二连杆卷帘机

②电机及减速机与卷被轴连接形式。电机、减速机及其与卷被轴的连接方式，不同的厂家也有不同的做法。图3-29是几种典型的电机与减速机的安装和连接方法。电机可以安装在减速机的上部（图3-29a、c），也可以安装在减速机的侧面（图3-29b），由此，电机向减速机输出动力的方向也同时发生了变化，但电机向减速机输出动力基本依靠皮带轮传输。减速机与卷被轴之间的连接虽然都采用法兰盘连接，但卷被轴的连接端根据减速机输出动力的不同而采用了不同的加强措施（图3-29）。

a. 电机上置、卷被轴端部加强   b. 电机侧置、卷被轴端部加强   c. 电机上置、卷被轴端部不变

图3-29 交流电机、减速机及其与卷被轴之间的连接方式

二连杆卷帘机一般均使用交流电动机，价格便宜、来源丰富，但也有的生产企业采用直流电机（图3-30）。由于电机自身转速低，

图3-30　直流电机与卷被轴的连接方式

因此省去了电机减速机，电机输出动力端直接连接到了卷被轴上。采用这种电机也大大减轻了卷帘机主机的重量。但由于一般生产温室均使用交流电，使用这种卷帘机需要配置一套整流设备，将交流电整流成直流电后才能使用，而且直流电的电压也需要按照电机的要求做相应调整。

采用二连杆卷帘机时，跟随电机运动的动力电线可直接沿二连杆固定，外观整洁、安全，卷帘机的手动控制开关可就近安装在二连杆的旁边，操作方便，也便于观察，但要注意防水和保证人员操作安全。

③二连杆卷帘机的连杆结构。标准的二连杆卷帘机的固定端支杆和活动端支杆均为单钢管圆管（图3-28），但对于重量较重的草苫保温被或跨度较大温室，为了保证二连杆的强度，可对其中的一根支杆或全部支杆进行局部加强（图3-31），以保证任何一根连杆在运行过程中都不发生弯曲变形或断裂。

a.活动端支杆加强　　　　b.固定端支杆加强　　　　b.双支杆加强

图3-31　二连杆卷帘机加强连杆形式

除了上述标准的二连杆外，生产实践中也开发出一些变形的二连杆结构。一种是二连杆的固定端从标准卷帘机的温室南侧室外地面移置到温室屋脊位置附近（图3-32）。这种卷帘机的组成部件与标准的二连杆卷帘机完全相同（稍有的区别或许是二根支杆由标准的直杆变成了曲杆），仅二连杆的固定端位置发生了转移，由此省去了从温室门斗到卷帘机之间的道路，节约了相邻日光温室间的空地。

a.整体　　　　　　　　b.固定端基座及在屋面上的固定

图 3-32　固定端设置在温室屋顶的二连杆卷帘机

　　另一种变形的二连杆结构是将二连杆的固定端支杆做成固定的直立杆，活动端支杆与固定端支杆的连接采用套管铰接的方式（图3-33）。活动端支杆穿在套管中，套管上焊接转轴铰接到固定直立杆的顶端。活动端支杆在运动过程中一方面在套管中做直线运动，另一方面还绕套管转轴做圆周旋转运动，由此，适应日光温室前屋面弧面形状。

a.整体　　　　　b.活动支杆套管铰接　　　c.活动支杆支撑在立杆

图3-33　固定端支杆直立固定的中置式二连杆卷帘机

　　④固定端支杆在地面上的连接与固定方式。二连杆的活动端支杆与电机或电机减速机之间的连接一般均为焊接连接，二连杆之间的连接基本都是铰接（多为螺栓连接），但二连杆在固定端的铰接连接方式在工程实践中却有多种形式。

　　按照连杆与底座连接方式不同，可将连接底座大体上分为单铰直连底座和连杆放脚底座两种，每种底座在生产实践中又有不同的工程做法。

　　a.单铰直连底座。所谓单铰直连底座，就是用一根销钉（单铰）将二连杆固定端支杆的下端直接栓接在底座上，销钉既是连杆端部与底座的连接件，也是二连杆随电机减速机运动的转轴。底座固定在基础上，形成连杆的不动支座，连杆下端部则通过转轴转动，形成二连杆中部节点的圆周运动轨迹，带动二连杆的活动端支杆下端沿相同的圆周轨迹运动，从而调节二连杆固定端与活动端之间的直线距离以满足电机减速机运动过程中对支撑连杆活动端位移变化的需求。

工程实践中连杆与底座的连接形式有两种：一种是Ⅱ形底座，连杆直接插入Ⅱ形底座的双支夹缝，销钉贯穿双支夹板与连杆（图3-34a）；另一种是T形底座，在连杆的端部焊接Ⅱ形夹板，将底座的T形单支板插入连杆端部的Ⅱ形双支夹缝，用销钉贯穿连杆端部Ⅱ形夹板的双支板和底座的T形单支板（图3-34b，图3-35）。底座固定在基础上，形成连杆的不动支座。其共同特点就是"双支夹单支"，销钉贯穿"三支"。不同之处仅在于"单支"和"双支"的上下位置有区别。

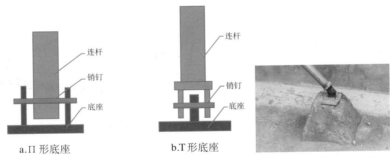

a.Ⅱ形底座   b.T形底座

图3-34 单铰直连底座的结构形式   图3-35 单铰T形底座

从图3-35的T形底座实际工程应用看，无论是连杆端部的Ⅱ形双支板还是底座的T形单支板，在连杆运动平面外的刚度与连杆管材的刚度相比都相差甚远，而且这些板件都未经表面防腐处理，长期运行锈蚀严重，工程隐患较大。此外，在连杆的端部焊接Ⅱ形双支板比在底座上焊接双支板要费工。因此，在工程实践中，大量应用的单铰直连底座还是Ⅱ形底座。

连杆与Ⅱ形底座的连接方式有两种：一种是将连杆的端部压扁

后插入Π形底座的双支板内，用销钉贯穿底座双支板和连杆端部压扁部位（图3-36a）；另一种是将连杆原样不动地插入Π形底座的双支板内，用销钉贯穿底座双支板和连杆端部（图3-36b）。将连杆端部压扁的做法可减小底座的尺寸，工程实践中可将Π形底座直接焊接在钢管端部，钢管按照桩基的做法直接打入地基，由此使基础的做法得到大大简化（图3-36a），而将连杆原样不动地插入Π形底座双支板内的做法不削弱连杆的结构强度，而且也节省一道压扁端头的加工程序。

a.焊接在钢管基座上　　　b.预埋在混凝土基础中　　　c.焊接在基础表面预埋件上

图3-36　单铰Π形底座及与基础的连接

工程实践中，Π形底座与基础的连接方式除了上述钢桩基础外，还有两种连接方式：一种是在底座的底板焊接钢筋，将底座预埋在基础内，表面露出夹持连杆的双支板（图3-36b），这种做法底座的位置在土建施工过程中已经确定，卷帘机安装过程中无法调整位置，但底座与基础的连接牢固、可靠；另一种是在基础表面预埋平板埋件，将Π形底座的底板焊接在基础预埋板上（图3-36c），这种做法在卷帘机安装过程中可根据需要微调底座的位置，便于卷帘机的精准定位和安装，但基础埋件和Π形底座的用钢量较大，底座底板与埋件的焊接质量及其表面防腐受施工质量的影响都较大。

b.连杆放脚底座。连杆放脚底座就是在连杆的端部垂直连杆运动平面焊接一根直径和连杆相同、长度约1.0m的钢管，称为连杆放脚。该放脚既是连杆的转轴，又是连杆的端部支撑，还可平衡连杆在运动平面外的扭曲弯矩。相比单铰直连底座，不仅连接强度大大提高，而且还能抵抗连杆平面外的变形，对提高卷帘机的平稳运行具有良好的作用。因此，这种底座在工程实践中得到大量应用。

连杆放脚既是转轴也是连杆的固定点，也就是说，放脚转轴只能转动但不能平面位移。所以固定转轴位置并保证其灵活转动是工程设计中主要应解决的问题。工程设计师和民间工匠们在解决这一问题的过程中也创新提出了多种工程做法。

最简单的做法是将放脚直接放置在地面上（图3-37）。在相对坚硬的自然土壤地面上（或对自然土壤进行表面夯实），放脚转轴可自由转动，地面土壤既是转轴的支撑，同时也不约束转轴转动，固定转轴不再需要增设基础，是一种最经济的做法。但这种做法由于连杆在运行过程中会对转轴形成推力，如果土壤比较松软（尤其是降雨后支撑转轴的土壤可能会吸水变松或发生大范围蠕变），对转轴完全不限位的固定方法（图3-37a）可能会由于该推力使转轴发生沿卷帘机运动方向向外的位移，造成保温被卷放位置不到位或连杆内力发生变化，为此，简单的做法是在转轴的外侧单侧（图3-37b）或双侧（图3-37c）用钢筋或钢管设置转轴在连杆运动平面方向限制位移的挡杆。这种做法投资低、安装方便，可在卷帘机安装定位后再最后锚钎钢筋（钢管）限位挡杆固定转轴，但这种做法只能限定连杆端部在卷帘机运动平面内的位移，却不能阻挡连杆端部在卷帘机运动平面外的位移（尽管这种位移量在卷帘机平稳运行时不会发生或者发生量较小，但保温被卷放过程中如出现卷轴变形，则这种位移将不可避免）。此外，转轴直接坐落在地面土壤表面，受土壤水分和盐分的侵蚀比较严重，对转轴的表面防腐要求也较高。从图3-37a和图3-37b看，放脚转轴都发生了大面积腐蚀，但如果在自然土壤地面上铺砖或对土壤表面进行局部混凝土罩面，将放脚转轴脱离地面自然土壤，可有效减轻管材的表面腐蚀（图3-37c）。

a.无限位　　　　　b.钢筋挡杆单侧单点限位　　c.钢筋挡杆双侧双点限位

图3-37　直接落地式连杆放脚底座及其固定方式

第二种做法是用套管外套在放脚转轴的两端并将转轴架离地面（图3-38）。这种做法彻底消除了转轴与地面自然土壤接触可能造成材料表面由于接触土壤盐分和水分而发生腐蚀的问题，是一种提高卷帘机连杆底座使用寿命更有效的方法。

在转轴上加装外套管后，转轴在套管内同轴旋转，可保证转轴的自由旋转，但要固定转轴的平面位移，套管则需要配套基础固定，而且由于转轴在套管内转动和位移的摩擦阻力较地面土壤小很多，为了避免转轴在套管内径向位移，还需要在套管端头或转轴端头增设堵头，为此，工程实践中也派生出多种做法。

从套管的固定基础看，有钢管桩基（图3-38a、c）和钢筋混凝土独立基础（图3-38b）之分，其共同的特点是每个套管下配置各自独立的基础，套管与桩基或基础埋件采用焊接连接，保证套管与基础的可靠连接。由于套管安装在转轴的两端，所以每根转轴需要配套两个独立基础。为保证连杆在运行过程中不发生偏移，两个转轴套管固定基础的顶面标高必须保持水平一致，施工中不得出现相对高差。

a.转轴两端用钢筋封堵　　　b.转轴两端用钢板封堵　　　c.端口封闭套管

图3-38　钢管套管式连杆放脚底座及其固定方式

从防止转轴在套管内径向位移的限位方式看，有在转轴端头设封堵的（图3-38a、b），也有在套管端头设封堵的（图3-38c）。在转轴端头设封堵的办法可以是焊接钢筋（图3-38a），也可以是焊接钢板（图3-38b），只要封堵件的外缘超出套管的外径，保证转轴不会从套管内捅出即可；封堵件可以只在转轴的一端设置，也可以在转轴的两端都设置，为保证安全，最好在转轴两端都设置封堵，或者应加长未焊接封堵端转轴伸出套管的长度。在套管端头设封堵的方法就是直接在套管的外端焊接钢板，将套管的端口封死（图3-38c）。

显然，转轴端头设封堵时，转轴的长度应大于两套管外缘之间的距离；套管端头设封堵时，转轴的长度应小于两套管外缘之间的距离。一般转轴从套管内伸出或缩进的长度应控制在套管长度的1/3 ~ 2/3，而套管的长度应控制在转轴直径的2 ~ 3倍。

固定转轴的第三种做法是采用U形抱箍（图3-39a）。这种做法兼取了转轴直接落地和套管限位转轴两种方式的优点，转轴直接落地不需要做底座基础，用钢筋做U形抱箍较钢管套管节省投资，方便安装，但转轴落地与地面土壤接触钢管表面腐蚀的弊端犹存。固定U形抱箍的方式，一种是加长抱箍的双支，将其钎锚在地基中（插入土壤深度一般在500mm以上）；另一种是和转轴套管的固定形式一样采用独立基础，将抱箍的双支插入基础并在基础内设弯钩或焊接在钢筋混凝土基础内部的主筋或箍筋上，钢筋混凝土基础的埋深一般也应超过500mm，视基础截面大小和地基的承载力而定。

第四种固定放脚转轴的做法是在转轴内插入内插管，转轴绕内插管转动（图3-39b）。这种做法由于内插管贯通转轴，对转轴在卷帘机运行平面外连杆的变形约束更强，同时为了约束转轴在垂直卷帘机运行方向的位移，如同转轴外套管设置限位一样，需要在内插管伸出转轴的两端，设置转轴的限位。所不同的是由于还要对内插管进行固定，所以内插管必须伸出转轴两端，以便有空间安装其固定基础，由此，外套管中使用的在转轴和套管端头焊接封堵的做法在这里将无法实施。工程实践中，一种方法是如外套管一样，在内插管的两个伸出端设置独立的基础，在内插管靠近转轴两端的位置外套套管或焊接钢筋环、短钢筋等做转轴的限位；另一种做法是在

a.U形钢筋抱箍　　　　　　b.内插管　　　　　　c.半圆盖板与键槽基础联合固定

图3-39　其他形式连杆放脚底座及其固定方式

内插管的两端直接焊接直径与转轴相同的钢管，并将该外伸钢管固定到基础即可。前一种做法比较适合连杆固定点设置在地面的情况，而后一种做法则更适合用于连杆固定端设置在温室屋脊的情况（图3-39b）。

第五种固定放脚转轴的做法是在固定转轴的基础上开出半圆的键槽，将放脚转轴沿直径方向一半置于基础半圆键槽中，另一半外露在基础表面；在放脚转轴沿长度方向的两端采用半圆弧的钢制盖板扣压在转轴上，并用螺栓将盖板与基础连接（图3-39c）。转轴在键槽内转动，可限制其向下和左右的运动，上部半圆盖板限制其向上运动，但转轴在键槽内的转动不受任何限制。这种做法坚固耐用，但转轴长期在基础混凝土键槽内转动摩擦对转轴表面的磨损严重，尤其表面防腐的镀锌层可能很快就被破坏，键槽内积水也会加快转轴腐蚀，不利于其长期的表面防腐。

c.底座设计和安装中的注意事项。底座是卷帘机连杆的重要结构部分，其作用是在保证连杆平稳运行的前提下，不发生底座自身在三维方向的变形或位移。为此，在底座设计中首先要保证底座的强度。

对于单铰直连底座，不论是Π形底座还是T形底座，或是从连杆端部焊接的Π形双支，要保证其结构强度，各支板的宽厚比必须保持在一定范围，使用钢板不得过薄，在保证连杆可转动的范围内应尽量减小支板的长度。

对于放脚转轴底座，要保证连杆不发生运行平面外的变形或偏移，放脚转轴的长度应适当加长。对于跨度较大的温室，由于连杆的长度较长，侧向偏移的风险较大，为平衡连杆的侧向偏移弯矩，放脚转轴的长度应适当加长。在这种情况下如果连杆与放脚转轴直接连接，连接节点承受的弯矩将更大，可能会造成连接节点的扭曲变形或断裂。为此，在工程实践中可在连杆和放脚转轴上设置加强支撑杆来减小连杆与放脚转轴节点的内力。加强支撑杆的做法是在连杆与放脚转轴平面内，连杆两侧设置与放脚转轴连接的倾斜支撑（图3-40），斜支撑与连杆和放脚转轴呈

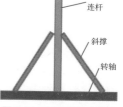

图3-40　加强放脚的做法

45°～60°，支撑的管径可采用与连杆相同规格或采用角钢做斜撑。

在保证底座强度的条件下，要保证连杆平稳运行，还需要保证连杆转轴转动灵活，不得出现卡壳或过大的摩擦，这是减小运行阻力的基本要求。

对直连底座，连杆与底座连接的间隙不能过大，销钉与连杆及底座连接的间隙也不能过大，否则可能会发生连杆在运行平面外的偏移（图3-41a、b）。对于放脚转轴底座，套管与转轴的间隙要适中，不得过紧或过松，转轴两端套管与基础连接应牢固、可靠，两个套管的基础顶面标高应相同一致。

此外，底座的安装位置要适宜，不得距离温室基础过远或过近。若过远，连杆的长度要求长，在相同动力驱动时，要求连杆的刚度大，材料用量增大；若过近，连杆在运行过程中固定端支杆可能会碰到温室屋面，造成卷帘机无法正常运行。设计中事先要对底座的位置进行准确定位，避免出现底座施工完后连杆无法安装的问题（图3-41c）。

a.底座与连杆间间隙过大　　　b.连杆平面外偏移　　　c.底座位置不合适

图3-41　底座与连杆设计和安装中的失败案例

（2）行车式卷帘机　对于跨度较大的日光温室（跨度一般在10m以上），保温被重量也随之增大，继续采用二连杆支撑的稳定性变差，为此，开发出了行车式卷帘机（图3-42）。

①结构组成。行车式卷帘机除了支撑电机、减速机的支架与二连杆式卷帘机有所区别外，其他如电机、减速机及其与卷被轴的连接方式，保温被的固定与卷放原理等均没有区别。

行车式卷帘机从整体外形上看，是在一根安装于温室长度方向中部、横跨温室跨度的弧形桁架上，吊挂支撑电机减速机的固定端支杆，而形成的一套卷帘机，因此，行车式卷帘机也被称为轨道式卷帘机或吊挂式卷帘机。从局部看（图3-42b），是在减速机的外壳上焊接一根支杆，该支杆的末端固定支撑于吊挂在桁架上的三角形支架底边上，该三角形支架的顶角处安装动滑轮，随电机减速机的运动在桁架的上弦杆滚动，从而引导和限制电机减速机的运动轨迹。从机械原理讲，行车式卷帘机实质上也是一种二连杆卷帘机的变形，吊挂在桁架上的三角形支架（简称吊杆）实质上是二连杆卷帘机的固定端支杆，所不同的是这个二连杆的固定端支杆变成了固定端可在桁架上运动的活动端，也就是说是一种可移动固定点的二连杆结构。

a.整体（保温被覆盖状态）　　　b.局部（保温被卷起状态）

图3-42　行车式卷帘机

②支撑桁架及端部固定。支撑桁架可以是平面桁架或三角形空间桁架。从桁架结构的稳定性看，三角形空间桁架要优于平面桁架，但相应用钢量和制造成本也更高。桁架整体跨越温室屋面，两端通过支杆（支架）分别固定在温室的前部和后部（分别称为前支架和后支架）。其中，前支架一般支撑在温室前屋面的室外地面上（图3-43a），后支架则根据温室后墙的承载能力，有的安装在温室的后墙上（图3-43b），有的安装在温室后墙外侧的地面上（图3-43c）。

a.前支架安装在温室前屋面外　b.后支架安装在温室后墙上　c.后支架安装在温室后墙外

图3-43　行车式卷帘机支撑桁架两端支架的安装位置

③机头下密封保温被的卷放。行车式卷帘机一般均布置在日光温室沿长度方向的中部，电机减速机双侧卷被，即中置式。和二连杆卷帘机相同，行车式卷帘机中部也存在一幅机头下连接两侧卷轴上保温被的固定密封保温被。实际管理中，也可同图3-27c的做法，在吊挂电机减速机支撑臂的三角形吊架上固定2根拉绳，采用拉绳卷被的方法将该永久覆盖保温被与其他保温被同时卷起或铺展。

④电缆线的布置位置。和二连杆卷帘机不一样，行车式卷帘机由于桁架固定不动，随电机减速机运动的动力电线不能直接固定在桁架上，必须单拉一根支撑线支撑（图3-42b），动力电线通过动滑轮吊挂在该支撑线上，随着电机减速机的运动收拢或拉伸，部分时段也可能会直接在温室采光面塑料薄膜表面滑动，只要电线外皮不破损，一般不会发生电线短路或漏电现象，也不会对塑料薄膜造成划伤。

（3）滚筒式卷帘机

①结构组成。滚筒式卷帘机主要由电机、减速机、滚筒以及连接杆件等组成（图3-44）。

滚筒式卷帘机实际上也是一种变形的二连杆卷帘机，与标准的二连杆卷帘机相比主要表现在二连杆的变形上。从结构组成看，滚筒卷帘机是将行车式卷帘机在桁架上吊挂的动滑轮改变为一个滚筒形的动滑轮，并由从桁架上吊挂滚动改变为在温室前屋面上滚动；连接吊挂动滑轮的三角形支架演变为双柱安装在滚轮两端的门式支架。如果将行车式卷帘机吊挂动滑轮的三角形连杆和滚轮式卷帘机连接滚轮的门式支架简化为一根支杆，从机械原理上实际就演变成为二连杆卷帘机的固定端支杆，所不同的就是前两者的固定端支杆的固定端都采用活动式固定。相比二连杆卷帘机，滚筒卷帘机消除了二连杆的长臂，支撑臂缩短可大大节约用材，并提高了设备运行的稳定性；相比行车式卷帘机，滚筒卷帘机省去了吊挂动滑轮的桁架，从而显著节省了结构用材，虽然滚筒和门式支架的用材较滑轮和三角形吊架有所增加，但总体看滚筒式卷帘机在支撑结构上的用材还是节省了很多，由此，卷帘机的造价也会显著降低。

a.单臂滚筒

b.双臂滚筒

c.双臂滚筒地面轨道

图3-44　中置滚筒式卷帘机

　　② 滚筒卷帘机的设置位置及对滚筒的要求。和标准的二连杆卷帘机一样，滚筒式卷帘机可以中置（图3-44），也可以侧置（图3-45）。中置时，滚筒长度应大于温室屋面拱架间距，并将滚筒安装在相邻两榀屋面拱架上承重，避免单一拱架

图3-45　侧置滚筒式卷帘机

支撑，在温室屋面拱架结构强度设计时应充分考虑滚筒对拱架的局部集中荷载。此外，由于滚筒在固定密封保温被上滚动，对保温被的保温芯挤压严重，对保温被的强度要求较高，而且密封保温被基本无法随卷帘机卷起，设计时应充分考虑这些不利因素。侧置时，对砖墙或土墙结构温室，滚筒应布置在温室山墙顶面，滚筒长度应大于或等于山墙厚度，由于山墙结构强度高，支撑滚轮完全坐落在山墙上对屋面拱架基本不产生压力，结构设计中可不考虑构件的局部荷载，但对完全组装结构温室，由于山墙同样为钢结构立柱，在强度设计中和中置式一样要充分考虑构件的局部集中荷载。侧置卷帘机还避免了中置卷帘机由于保温被密封而在温室内形成的永久阴影带，有利于提高温室内光照和温度的均匀度，也有利于增加温室内的热量积聚；其主要缺点还是单机带动卷被轴的长度较中置式短，不利于电机能力的充分发挥。

　　③ 电缆线布置。滚筒式卷帘机由于没有标准二连杆卷帘机的二连杆和行车式卷帘机的桁架，随电机减速机一起运动的动力电线没有地方固定。为了避免电机减速机和滚筒在运动过程中可能缠绕到动力电线，在滚筒式卷帘机连接的滚筒门式支架上方一侧或双侧专

门伸出一根电缆支撑臂，以保持卷帘机运行过程中电缆线远离滚筒。支架上单侧伸臂的称为单臂滚筒，双侧伸臂的称为双臂滚筒（图3-44a和图3-44b）。为了避免伸出的支撑臂在卷帘机落位到地面时剐蹭地面，专门设计了地面轨道（图3-44c）来承接支撑臂和滚筒。

（4）摆臂式卷帘机　也称为伸缩杆式卷帘机。从外形上看，只有一道支杆，一端铰接固定在地面，另一端固结连接到电机减速机，保温被沿着温室屋面卷放时好似一根摆臂在牵引着保温被运动（图3-46）。摆臂式卷帘机也正是依据这种直观的运动方式而命名。事实

图3-46　侧置摆臂式卷帘机

上，由于日光温室的前屋面弧形并非圆弧，用一根长度固定的摆臂难以适应非圆形的弧面，所以，牵引保温被运动的摆臂并非一根单管，而是两根单管穿套在一起形成的一个套管，内套管的外端头与电机减速机固结连接，外套管的外端头铰接固定在地面上。当电机减速机的运行轨迹超过以外套管端部固定点为圆心、以套管最小长度为半径的圆弧时，内套管从外套管中伸出，并随着电机减速机的运行轨迹（实际上电机减速机的轨迹为日光温室山墙的弧线轨迹）不断变化时，内套管适应电机减速机的轨迹，从外套管中伸出或缩进，从而导引电机减速机运行。

从机械原理上讲，摆臂式卷帘机实际上也是一种变形了的二连杆卷帘机，只是将二连杆中间的固定点铰接变成了可活动的滑动连接点。

与二连杆卷帘机相比，摆臂式卷帘机摆杆用材量少，且套管的连接较铰接连接更可靠；此外，给电机供电的电缆线能够沿着摆杆走线，可缠绕在臂杆的外表，也可隐藏在臂杆的管内。当温室长度小于60m时，从经济适用的角度选择应优先选用摆臂式卷帘机。

摆臂式卷帘机由于摆杆安装在温室山墙的外侧，卷帘机只能侧置。对于长度较长的温室，选用摆臂式卷帘机时必须在温室两侧山墙同时设置卷帘机，增加了建设投资和管理的成本。

（5）滑臂式卷帘机　实际上是对摆臂式二连杆卷帘机的一种改

进。该卷帘机只用一根支杆代替了摆臂式卷帘机的套管来支撑和引导电机减速机。为了满足卷被轴在不规则曲线屋面上的运动，在支杆的下部安装了一个滚轮。支杆的上端连接电机减速机，下端连接滚轮后则直接放置在地面上。随着保温被的卷起和铺展，电机减速机支杆下端的滚轮则沿着地面上一条直线做往复运动（图3-47）。实际上将摆臂式二连杆的地面固定支点变成了地面移动支点。为了减少支杆着力点在地面上运行的阻力，一是将运行轨道的地面铺设为混凝土路面，二是在支杆端部安装支撑滚轮。

这种卷帘机由于采用单根支杆，支架发生故障或破坏的概率大大减少，而且给电机供电的电缆可以从温室的山墙上接出后直接连接到电机，电缆线走线短，与支架不会发生任何干涉（图3-47a、b）。

a.保温被卷起在最高位置　　b.保温被卷起在中间位置　　c.保温被处于全覆盖屋面位置

图3-47　侧置滑臂式卷帘机及其运行

和侧摆臂卷帘机一样，由于支杆采用单根直杆，直杆不能适应日光温室曲面的变化，因此，这种卷帘机只能安装在温室的山墙外侧，以侧置形式出现。但如果将直杆演变为曲杆，避免与弧形温室屋面发生干涉或碰撞，侧置滑臂式卷帘机同样也可以设计为中置滑臂式卷帘机，从而大大提高卷帘机适应较长或超长温室的能力，只是曲杆在承载能力上要比直杆差，曲杆的用材量也比直杆多，但与两台卷帘机相比，总造价也会降低，而且单一曲杆的运行可靠性也比二连杆的高。

（6）中卷式卷帘机机头下密封保温被的卷放　中卷式卷帘机，包括二连杆卷帘机、行车式卷帘机、滚筒式卷帘机等，其共同的特点是驱动卷被轴的电机和电机减速机置于温室长度方向的中部，减速机两侧输出动力轴分别连接两侧的卷被轴，卷被轴上缠绕保温被，随卷被轴的转动带动保温被卷起或展开。由于保温被是直接缠绕在卷被轴上，虽然中卷式卷帘机能同时卷放减速机两侧的保温被，但卷帘机电机和减速机（以下简称为机头）由于无法缠绕保温被，致使卷帘机两侧保温被在机头下部无法连续密封，造成机头下部保温被中断，为此，通常的做法是在卷帘机机头下方单独铺设一张厚度和性能与温室屋面保温被完全相同的保温被，其宽度要求超过卷帘机减速箱两侧输出轴，两边压在卷被轴缠绕的被卷下，与卷被轴上的保温被形成搭接连接，一般搭接宽度不应小于30cm。当卷帘机带动卷被轴将缠绕在卷被轴上的保温被展开后，正好压在机头下的保温被上，二者形成搭接密封，由此可保证夜间当保温被覆盖温室屋面后，温室屋面上保温被整体上密封严密，从而保证温室的整体保温性能。

白天，当卷帘机将缠绕在卷被轴上的保温被卷起，温室屋面采光时，为操作方便，通常情况下，铺设在机头下部的密封用搭接保温被不卷起。从实际运行情况看，由于机头下固定保温被昼夜覆盖屋面不能卷起，虽然保证了温室夜间的保温，但同时也牺牲了白天温室屋面的采光，并在温室内保温被下形成一个随太阳方位角移动且大小不断变化的阴影带，不仅影响温室的进光量进而影响温室内的温度，而且直接影响阴影带内作物的采光，尤其对一些光敏性作物，将直接影响其经济产量和商品性。为此，将这一固定保温被变为活动保温被，随卷帘机输出轴两侧保温被同步卷放，既保证温室夜间保温又不影响温室白天采光成为生产中的现实需要。

为解决机头下固定保温被随屋面保温被同步白天卷起夜间覆盖的问题（由于固定保温被随屋面保温被同步卷起，实际上也成为活动保温被，为准确定义，以下称其为"密封保温被"），温室生产者和民间工匠发明了多种技术和配套装备，包括手动卷放和机动卷放，其中机动卷放又分为机头带动卷绳卷放、卷被缠绕卷绳卷放和卷轴缠绕卷绳卷放等。

①手动卷放。手动卷放保温被是日光温室最早期卷放草苫使用的方法。由于单幅草苫重量不大，采用人工拉拽可实现保温被上卷，一般在坡度较大的位置可依靠自重自然下滚而展开。对于卷帘机机头下的密封保温被，采用人工卷放时，其操作方法即完全沿用了这

种传统的方法（视频3-1）。在保温被的下部铺设2根上卷绳（主要是为了避免在保温被上卷的过程中发生重心偏移，图3-48a，有经验的操作者也可以采用单根绳上卷保温被），可以是2根独立的绳索，也可以是1根绳索回折形成压在保温被下的2根绳。绳

视频3-1　手动卷放机头下密封保温被

索的上端固定在温室屋脊部位，整体沿屋面跨度方向铺设在机头下密封保温被与透光覆盖薄膜之间，下端绕过密封保温被活动边边沿后形成铺放在保温被被卷外表面用于卷起保温被人工拉拽的自由端。早上卷起保温被时，操作人员首先启动卷帘机将屋面保温被卷起，然后上到温室后屋面拉拽机头下密封保温被的卷被绳，即可将其卷起。如果保温被被雨雪浸湿后重量加大，仅用上卷拉绳一个人难以将保温被拉起时，可用临时的竹竿等杆件由另一人在地面助力，将保温被卷起。事实上，对于操作熟练的管理者或者较轻的保温被，平时也可以仅用上推杆将机头下密封保温被卷起，还可以省去上下温室屋面的劳作（视频3-2）。

　　晚上需要覆盖保温被时用下拉绳可直接将保温被下拉而展开（图3-48b、视频3-2）。下拉绳的一端固定在密封保温被活动边，为固定端，另一端为供人工拉拽的活动端。保温被卷起时，下拉绳随保温被缠绕在保温被被卷内；保温被展开时，拉动活动端，将被卷中下拉绳拉出的同时即展开保温被被卷，实现保温被的铺放。当然，按照传统的放草苫的方法，操作人员登上温室后屋面，采用手推或脚蹬的方式也可以在外力助推的条

视频3-2　手动竹竿上推卷起机头下密封保温被

a.上卷绳及上推杆　　　　b.下拉绳

图3-48　手动卷放机头下密封保温被

件下依靠保温被自重将其自动展开，但这种方法需要操作人员上下温室屋面，劳作时间长，而且对于妇女、老人等还有一定的作业危险性。

视频3-3　手动地面拉绳卷起机头下密封保温被

为了解决手工拉被操作人员需要上下温室屋面的问题，有的设计者在卷帘机上安装了一套换向轮，将上卷保温被的拉力通过换向轮转换为向下的拉力，这样操作人员站在地面不用上下温室屋面就能轻松操作保温被的卷放（视频3-3）。

手动卷放保温被，费工费力，作业时间长，劳动效率低。为此，目前的改进技术都是直接利用卷帘机，在卷帘机上配套卷被辅助设备实现密封保温被与屋面保温被同步卷放，省时省力，而且没有操作风险。

②卷帘机机头带动密封保温被同步卷放。卷帘机机头带动密封保温被卷放的方式，根据卷放保温被的卷绳根数分为单绳卷被和双绳卷被两种。

所谓单绳卷被，就是卷放保温被采用单根绳索（图3-49a）。和手动卷放保温被一样，卷被绳的一端固定在温室屋脊，沿温室屋面跨度方向铺设在保温被与温室屋面覆盖塑料薄膜之间，到达保温被的边缘后，绕过保温被将其固定在卷帘机的机头上（图3-49b）。当卷帘机自下而上卷被时，拉动卷被绳向上运动，由此带动密封保温被卷起；当卷帘机自上而下放被时，密封保温被依靠自重在温室屋面上自动打开，从而实现其展开。当保温被采用如针刺毡等轻质保温被，展开过程中不能完全依靠自身重量自主打开时，可在被卷中设置配重卷轴（图3-49c）。

a.卷草苫（自下往上看）　　b.卷草苫（自上往下看）　　c.卷针刺毡保温被

图3-49　卷帘机机头单绳带动密封保温被卷放

单绳卷被用绳少，材料省，但卷被容易走偏，卷绳在安装时要比较准确地铺设在保温被沿被卷长度方向的中部。此外，在卷帘机运动过程中需要操作人员注意观察并随时停机调整。

双绳卷被就是在保温被被卷下铺设2根平行的卷绳，分别铺设在被卷长度方向距离被卷端头约1/4被卷长度的位置。在卷帘机机头上安装一根垂直于驱动臂杆的支杆，支杆的长度应大于两根平行卷绳之间的距离，支杆的两端安装换向轮及端部堵头（图3-50a）。从密封保温被被卷下伸出的卷绳，绕过机头支杆端部换向滑轮后，从保温被被卷的外侧返回地面，固定在地面立柱上。

由于保温被采用2根平行的绳索上卷，基本保证了被卷在上卷的过程中不会发生侧向偏移，所以，这种卷被方式运行平稳，安全可靠。

如果保温被自重足够，或者温室屋面坡度较大，保温被展开时可依靠自重自动展开，这种情况下，卷被系统可不设打开被卷的下拉绳（图3-50b），否则，应在被卷内设置打开被卷的下拉绳（图3-50c）。

a.机头支杆及换向轮　　　b.不设下拉绳　　　　c.设下拉绳

图3-50　卷帘机机头双绳带动密封保温被卷放

③屋面保温被带动密封保温被同步卷放。屋面保温被带动密封保温被同步卷放的原理与上述卷帘机机头双绳带动密封保温被卷放基本相同，同样采用2根卷被绳，所不同的是牵引密封保温被被卷卷起的上卷绳不是安装在卷帘机机头的支杆上，而是缠绕在卷帘机机头两侧的屋面保温被被卷上。当卷帘机带动屋面保温被卷起时，屋面保温被被卷将自动缠绕密封保温被的上卷绳，由此带动密封保温被同步卷起；当卷帘机向下运行展开屋面保温被时，密封保温被在自重的作用下自然展开，如果密封保温被的自重不足或温室屋面坡

度较缓时，也可在密封保温被被卷内铺设下拉绳，在人工辅助下拉的作用下展开密封保温被，从而实现密封保温被的打开。

　　需要说明的是图3-51中的卷被绳安装在设置于密封保温被内部的卷被轴的两端，而没有像上述手拉或机头支杆上安装拉绳上拉被卷一样将拉绳安装在密封保温被的被卷上，主要的考虑可能是两个被卷都是松软和柔性的，如果将绳索缠卷在两个松软的被卷上，可能会发生绳索的移动位移与保温被的移动位移同步性差异过大的问题，或许也是实践中总结出来的经验吧！

　　④卷轴带动密封保温被同步卷放。按照上述经验，可以将屋面保温被带动密封保温被卷放的形式推演发展到保温被卷被轴带动密封保温被卷放的形式（图3-52）。这种情况下，由于卷被轴是刚性轴，所以拉动密封保温被的卷绳就可以直接缠绕在保温被上，而不需要在保温被中设置卷轴。由此，也可以省去密封保温被内卷轴的成本。

图3-51　屋面保温被带动密封保温　　图3-52　卷被轴带动密封保温被卷放
　　　　　被卷放

3.3.3　内保温卷被

　　日光温室保温被一般采用外覆盖的形式，即保温被覆盖在温室塑料薄膜的外表面。这种覆盖方式无需附加其他设施，安装简单、操作方便，因此被温室生产者广泛采用。但这种覆盖方式也存在一些难以克服的固有缺陷：首先，这种覆盖方式由于受到室外天气条件的影响，在不同程度上会影响保温被的保温性能和使用寿命，如刮风天气，保温被表面风速加大，有时甚至会有冷风直接侵入保温被；下雨下雪天，保温被表面会被淋湿，甚至整个保温被被雨水浸透，上述天气条件均会增大保温被的导热能力，降低保温性能。其次，当温室塑料薄膜密封不严（室内湿空气通过塑料薄膜孔洞或缝隙外溢，使保温被受潮）或因雨雪、霜冻等天气条件使保温被受潮时，由于夜间室外温度较低会使保温被表面或内部结冰（尤其在保温被卷轴附近这种现象更为常见），致使保温被早起无法卷起，直接影响温室白天的采光和室内温度的提升，进而影响温室作物的正常生产。第三，保温被外覆盖时，经常处在露天条件下，在太阳辐射（尤其是紫外线的照射）和温度（尤其是高低温极端温度）、风力作用下会加速保温被材料的老化或风蚀，缩短保温被的使用寿命，增加温室生产的成本。

日光温室内保温就是将保温被安装在温室的内部如同连栋温室二道幕的一种保温方式。由于被长期置于室内，受温室围护结构的保护，保温被的存放和运行基本不存在室外风吹日晒的条件（温室内紫外线强度一般很低），温室内也不存在冰冻的环境，因此，上述外覆盖的所有缺点都得到了一次性解决。此外，内保温被还降低了温室的保温空间，尤其是在温室后屋面部位由于保温被的长期固定（图3-53a），自然也增强了后屋面的保温性能，在严寒地区，利用内保温被支撑骨架再敷设一层塑料薄膜，在基本不影响温室采光的情况下，形成了双层结构屋面保温膜，极大地提高了温室的保温性能。在室内温度升高后还可以将该保温膜卷起，提高温室内作物的采光性能（图3-53b）。从理论上讲，采用内保温覆盖，相比外保温方式，能够大大提高温室的保温性能和保温被的使用寿命，是一种比较理想的保温方式。但内保温覆盖需要专门再增加一套保温被支撑体系（图3-53c），增加了温室的造价，也增加了温室内骨架形成的阴影，而且内保温覆盖对保温被的密封要求更高，任何形式的保温被密封缺陷（如保温被破损产生的孔洞、保温被搭接缝隙、保温被与墙体及地面等四周的密封空隙等）都会直接造成温室保温性能的下降，甚至造成保温效果失效，给温室生产者带来灾难性的损失。此外，内保温系统由于室内空间较小，受墙体、屋面以及骨架的制约，相比外保温，安装不太方便，一些外保温使用的卷帘机也无法直接使用。所以，在当前经济和技术条件下，这种保温方式应用还不普及，一些技术性的问题还有待解决。

a.保温被可加强后屋面保温　　　b.可附加塑料薄膜增强温　c.需要设置二层骨架支撑保温被
　　　　　　　　　　　　　　　　　室保温性

图3-53　内保温的特点

3.3.3.1　保温被材料与保温被支撑结构

　　内保温采用的保温被材料目前基本和外保温所用的材料相同，可以是草苫和其他不同品种的工业产品的保温被。但由于室内湿度大，对材料的防水和防潮性能要求更高，用草苫做内保温材料最好外包一层塑料薄膜。

　　内保温设置首先需要在温室内安装一套保温被支撑机构，这是区别于外保温的重要特征。由于不受室外风雪荷载的影响，支撑保温被的骨架较温室屋面骨架应更轻巧（如果温室作物吊挂支撑在保温被支撑骨架上，骨架强度应同时满足作物吊重和保温被支撑双重需要），一般常用单管支撑（为统一构件规格，降低成本，有的温室也用与屋面支撑骨架相同的材料），而且支撑的间距也较屋面支撑骨架的间距更大。从形状上来看，内保温被支撑骨架基本与屋面支撑骨架相同，只是前者骨架的弧度较后者更平缓。在温室前部基础处，两层骨架的间距较小，以20～30cm较宜，随着骨架的上升，两层骨架的间距逐渐加大（主要是适应随着保温被的上卷，保温被被卷的直径逐渐加大的需要），到达屋脊位置后（指屋脊垂直投影线与保温被支撑骨架相交的位置），有两种走向：一是与后屋面骨架平行（或与后屋面骨架的坡向相同，但坡度减缓），折弯后与温室后墙相交；二是与前屋面骨架坡向相同，继续保持保温被支撑骨架的弧度，不折弯直接通向温室后墙，并与温室后墙相交。前者与后屋面骨架平行部位保温被长期固定铺设，前部保温被卷放在屋脊部位（一般在脊位之前）；后者保温被可卷放到靠近温室的后墙，基本不影响温室后墙采光（也可停放在不影响温室后墙或作物采光的任何部位）。

3.3.3.2 内保温被的卷放方式

卷放日光温室内保温被，由于受室内空间限制，外卷被常用的二连杆卷帘机、行车式卷帘机、滑臂式卷帘机以及滚筒式卷帘机都不能直接使用，只有摆臂式卷帘机可直接应用，有的温室也将拉绳卷帘机将卷绳轴安装在温室后屋面骨架上而直接移植应用。随着日光温室内保温技术的不断推广和应用，一些具有卷放内保温被特殊要求的卷帘机也被相继开发出来，主要包括摆臂式、导轨式等，还有侧置和中置之分。

（1）侧摆臂卷被机构　内保温用的侧摆臂卷被机与外保温的摆臂式卷帘机结构和原理完全相同。这种卷被方式，除了支撑保温被的内层支撑骨架外，为了保证保温系统的密封性，需要在温室内山墙侧再增设一堵内山墙，其形状和高度与保温被支撑骨架相同，其顶面要求与内保温被支撑骨架的上表面齐平。将卷被电机和伸缩摆杆置于内山墙的外侧，内山墙同时起到支撑卷被轴和导向卷帘机的作用（图3-54a）。为了提高内保温系统的密封性，在靠近内山墙的至少一个开间应安装密封且永久固定的塑料薄膜（图3-54b）或保温被。由于侧卷被卷帘机卷被轴动力传输的问题，对于长度超过80m的温室，需要从温室的两端设卷帘机。这种卷被方式除了在温室内要安装保温被支撑骨架外，还需要建设至少一堵内山墙，不仅提高了温室建设成本，而且为了安装和运行卷帘机，内山墙与外山墙之间还必须留出足够的用于设备安装和检修的作业空间，墙体和作业空间都压缩和占用了温室作物的种植地面，使温室的土地有效利用率进一步降低。

a.卷帘机及摆杆　　　　b.保温被两端用固定塑料薄膜密封

图3-54　侧置摆臂式内保温卷帘机

（2）**中置摆臂卷被机构** 是将摆臂式卷被电机安装在温室中部的一种卷被方式（图3-55）。这种卷被方式不需要在温室中再建设内山墙，只需要在靠近山墙的两端固定永久性的密封保温被，并与山墙密封固定，活动的保温被叠压在固定密封保温被的上方（图3-55b），即可达到保温被与山墙密封的要求。此外，为了保证卷帘机机头所在位置的密封，需要在卷被电机的上方安装一幅固定的密封保温被，以便在保温被铺放后能密封电机运行轨道上方形成的保温被的空缺，这和室外中卷式保温被的设置方法完全相同，所不同的只是将室外铺放在机头下部的保温被换位到了上部（图3-55c）。由于室内无风，机头上部的密封保温被也不需要进行固定，自然铺放在机头上部即可。

相对侧置摆臂卷帘机，中置摆臂卷帘机节约了温室面积，降低了建设成本，而且卷帘机适用的温室长度也相应增大，总体性能更加优越。但这种卷被方式的中部由于有一幅固定的保温被，会直接形成阴影带，给下面的作物生产带来影响。为了尽量减小这种阴影产生的负面影响，在具体实践中可采用如图3-27b的做法，将温室的贮水水池以及灌溉首部布置在这个区域，一方面有效利用了阴影带下的土地面积，另一方面也减小了灌溉管路的压头，使灌溉更加均匀。

a.卷帘机及摆杆　　　　　b.保温被端部密封　　　　　c.保温被中部密封

图3-55　中置摆臂式内保温卷帘机

（3）**侧置导轨卷被机构** 摆臂式卷帘机需要将摆臂杆固定安装在温室地面，侧置摆臂卷帘机还需要在温室内建设二道内山墙，不仅投资高而且占地面积大。为了解决这些问题，有企业开发了一种利用屋面拱杆做支撑的导轨式卷被系统。

①结构组成。这种系统是在卷帘机的机头（电机减速机）上安装一个直角导杆，直角导杆的一端与卷轴垂直固定连接到电机减速上，另一端为活动的自由端，与卷轴平行（图3-56a）。运行中将导杆的自由端掰在内拱杆的下表面，随着卷被电机的运动，导杆的自由端以温室内拱杆为支撑导轨沿着内拱杆的下表面平移，即实现对卷帘机的活动支撑（视频3-4）。这种轨道支撑活动导杆卷帘机的工作原理实际上也是一种变形的二力杆形式，与中置行车外保温卷帘机构造原理基本相同，所不同的只是行车卷帘机是将二连杆吊挂在桁架的上表面运动，而内置卷帘机是将二连杆的支撑

视频3-4 侧置内卷被卷帘机运行

点放置在温室内拱杆的下表面，而且为了避免运行过程中由于卷帘机卷轴的水平位移而造成支撑点在温室内拱杆上脱位的风险，内置卷帘机与温室内拱杆的支撑由行车卷帘机的点式吊挂滚轮改变成为杆式承托。由此，只要保证自由端支杆足够的长度，就可完全保证卷帘机在温室内拱杆上的安全支撑。

②保温被端部密封。为了解决卷帘机支撑导轨由于自由端支杆伸入室内而导致保温被山墙无法密封的问题，系统设计了一种凹槽式保温山墙顶（图3-56b）。凹槽凸进室内，三面用柔性保温被保温（图3-56c）。卷帘机的直角自由端支杆正好插入该凹槽，只要保证凹槽的深度大于自由端支杆的长度并附加一定的安全间距，即可保证卷帘机的安全运行。

a.结构组成　　　　　b.端部密封（室外侧）　　　　c.端部密封（室内侧）

图3-56　侧置导轨内保温卷帘机及保温被密封

（4）中置导轨式卷帘机　是借用侧置导轨式卷帘机的原理：一是将电机和减速机组成的机头布置在温室沿长度方向的中部，减速机

两侧输出动力输出轴连接机头两侧保温被卷轴；二是将侧置导轨卷帘机L形导杆改变成为T形导杆，T形导杆的两翼分别支撑在温室中部前屋面两相邻拱架下表面，为了增强T形导杆的强度，还进一步将其支撑在拱架上的导杆单杆设计成平面矩形框架（图3-57，视频3-5）；三是机头两侧保温被的密封完全借鉴中置外保温卷帘机的做法采用机头下固定密封保温被。

视频3-5　中置内卷被卷帘机运行

　　和中置摆臂式卷帘机一样，中置导轨式卷帘机保温被两端的密封也采用山墙侧固定设置密封被的方式。

a.整体　　　　　　　　　　　　　b.局部

图3-57　中置双侧卷被用卷帘机

　　进一步的改进是在内拱杆支撑导杆上外套一个圆管，卷帘机运行时内拱杆支撑导杆与温室屋面桁架下弦杆之间滑动运动改变成为滚动运动，由此可大大减小两者之间的表面摩擦，不仅大大减小卷帘机运行的摩擦阻力，而且会显著减小由于金属构件直接的接触摩擦而造成的表面磨损，由此可显著提高支撑导杆和拱架的使用寿命。事实上，如果在内拱杆支撑导杆外套滚动圆管的基础上再增套一根橡胶管或尼龙管，则可完全消除支撑杆与屋面拱杆金属构件之间的直接接触和摩擦，从根本上消除金属构件表面磨损，延长构件的使用寿命。采用滚动杆替代滑动杆的设计思想实际上也完全适用于侧置单侧卷帘机导杆的设计。

　　（5）绳索牵引式卷被机　就是将传统外保温卷被机构中的屋顶上卷绳式卷帘机的原理直接移置到内保温系统中。这种做法是将卷被电机和卷被轴固定在温室内的后墙或后屋面骨架上，用绳索缠绕保温被并通过卷被轴传动卷起保温被，在温室南侧基础位置安装卷被绳索换向轮，通过电机的反转实现保温被的铺放。与外保温被卷放系统相比，该系统减少或省去了卷绳轴的支撑架，安装在室内也不占用温室地面空间，同时也避免了侧置卷被卷帘机占地面积大、中置卷帘机室内阴影多等缺陷。为了避免卷被绳索摩擦温室透光覆盖材料，可在温室的屋面骨架上安装卷被绳索导向环，改变绳索的直线运行轨迹，形成与温室采光面弧面接近的折线轨迹。由于改变卷被绳索的直线轨迹，在通过导向环时绳索可能会与导向环产生摩擦，一方面增加了卷被电机的阻力，另一方面也会损伤卷被绳索，缩短其使用寿命。但如果不是将卷被绳索通过导向环改变直线轨迹，保温被支撑骨架的曲线形状就必须比较平缓，并与温室屋面骨架曲线形状协调配合，避免卷被绳索与屋面塑料薄膜形成摩擦。

a.保温幕在后墙处的固定　　　　b.保温幕在山墙处的密封

图3-58　室内水平拉幕保温系统

（6）拉幕保温系统　是直接将连栋温室的水平遮阳/保温拉幕系统移植到日光温室中（图3-58），实现内外保温被双层保温。内保温系统由于采用水平托幕线和压幕线支撑保温被，从而省去了在温室内支撑保温被的内层骨架，不仅节约了骨架成本，而且减少了骨架在温室内造成的大量阴影。

水平保温幕拉幕系统采用钢缆驱动，沿温室跨度方向拉幕。保温幕的固定边固定在温室的后墙上，活动边移动到温室南墙与屋面的交界线（南墙屋檐）终止。为了保证室内水平保温幕的密封性：一是在温室两侧山墙保温幕移动高度安装固定密封兜（图3-58b）；二是在温室南墙活动保温幕的终止边设置固定的密封带，保温幕运行到该密封带的下部后形成上下层保温幕一定的重叠，可达到比较严密的密封。

　　水平方向的保温幕只覆盖温室内从后墙到南墙屋檐的地面，为保证室内完整的保温系统，尚需要设置温室南墙内侧的保温系统（图3-59）。南墙内保温系统可采用传统日光温室侧摆臂卷帘机的卷被系统，卷帘机安装在温室一端靠近山墙的位置（图3-59b）。由于南墙内侧没有支撑构件，为了使卷帘机在卷被过程中获得支撑，设计一组紧绷的绳索，一端固定在前墙屋檐处，另一端固定在温室前墙立柱基础（图3-59c）。这种柔性的支撑面，一可以满足卷被支撑的要求，二可以节省钢材，三可以减少骨架遮光。柔性绳索造价低廉，更换方便，不失为一种经济有效的选择。

　　这种保温系统的唯一不足是由于在温室南墙屋檐处永久固定水平保温幕的密封带和南墙垂直保温幕的固定边，所以会在这个位置形成一道永久的遮光带（图3-59a）。实践中，应尽可能缩小这条遮光带的宽度，以最大限度减少对作物采光的影响。

　a.保温被的固定和密封边　　　b.保温被的卷放驱动机构　　　c.保温被支撑线

图3-59　南墙垂直卷被内保温系统

3.4　卷帘机控制

　　早期我国日光温室保温被主要是草苫，在温室屋面卷放也主要为人工手拉脚蹬（图3-23）。由于其厚度厚（一般在2cm以上）、重量重，在人工辅助作用下依靠自重，在温室弧面上能自动滚落而展开，人工作业主要是向上拉动草苫的卷被工作。

　　由于人工卷放草苫需要操作人员每天上下温室屋面作业，不仅上拉草苫需要消耗很大的体力，而且一栋60m以上长度的温室将保温被全部拉起至少需要0.5h，严重影响温室的采光时间，进而影响温室白天早期的升温。卷帘机的发明大大简化了人工卷放草苫的作业程序，更减轻了作业的劳动强度，但对卷帘机控制设备的开发却经历了漫长的时光，先后开发了手动开关控制和多种限位控制，然而完全自动化的控制至今仍是空白。

3.4.1 手动开关控制

手动开关控制就是作业人员手动控制开关操作卷帘机卷放的一种最简易的控制方法。手动控制的开关主要有闸刀开关、正反转控制开关和遥控器控制开关三种形式（图3-60）。

a.闸刀开关　　　　　　b.正反转控制开关　　　　　　c.遥控器开关

图3-60　手动控制开关

每个闸刀开关只能控制一路电路"开"和"关"。为了控制卷帘机卷放，一组控制需要配套3个开关或至少2个开关，总开关用于停机，其他两个开关分别用于卷帘机的"卷"和"放"（图3-60a）。闸刀开关由于开、关电闸都可能有电火花产生，而且开关暴露在温室环境中也不便于防水，因此改进的手动控制采用正反转控制开关（图3-60b）。正反转控制开关是将控制电路集成到了一个开关盒中，通过开关手柄控制电路的"通""断"。一般开关盒上设有"卷""放""停"三档，通过拨动开关手柄可控制卷帘机的卷、放和停。三档开关实际上是控制电机的正转、反转和暂停。遥控控制开关的功能与正反转控制开关相同，开关板上同样设有"卷""放"和"停"三档，手动按压其中功能键可完成相应的开关控制。生产中普遍应用的主要是正反转控制开关。

为方便控制，正反转控制开关一般均安装在靠近卷帘机机头的位置，绑扎或栓接到机头支杆上（图3-61a），但也有的温室生产者将其安装在温室内（图3-61b）。将控制开关安装在温室内：一是可以避免受室外风雨等自然环境的影响，降低对开关电路防水和防辐射的要求，从而提高开关的使用寿命；二是作业人员在温室内操作可避免冬季室外的寒冷，在保温被卷放的过程中还可以进行室内生产作业，提高劳动效率。对安装在室外的控制开关，为了避免室外降水等因素影响控制器的功能，很多生产者专门设计了箱体，将其置于箱内。箱体可以是控制器专门的小箱，也可以结合电机和减速机防护制作大箱（图3-61c）。

a.控制器设在室外　　　　　b.控制器设在室内　　　　c.控制器设在控制箱内

图3-61　手动控制器设置位置

　　手动控制设备简单，投资少，相比人工卷放保温被可显著节约保温被卷放时间，一般在10min内可同步卷起或铺放整栋温室的保温被，既减轻了作业人员的劳动强度，又增加了温室的采光时间，无论对作物提早抢光还是温室提早升温都具有非常积极的作用，因此，目前日光温室用卷帘机基本都配置了手动控制卷帘机卷放的开关控制器。

　　手动开关控制卷帘机，由于没有自动卷停限位控制，需要操作人员在保温被卷放期间始终值守在开关旁边，通过目测确定保温被的位置，根据保温被的位置操控开关，控制卷帘机启停。这种控制方法要求操作人员在操控卷帘机启停期间必须聚精会神、精准操控，一旦在卷帘机接近启停位置时操控失误，或因其他事务没有及时停机，往往会发生卷帘机过卷等事故，造成极大麻烦。图3-62是卷帘机过卷后采用汽车吊复位卷被机的场景，没有吊车时需要大量人力作业，由此可以看出复位的难度。为此，针对日光温室卷帘机运行，首先配套开发了多种专门用于卷帘机防过卷的限位技术。

图3-62　汽车吊复位过卷后的卷帘机

3.4.2　卷帘机防过卷限位技术

为了避免操作人员由于一时疏忽造成保温被过卷的事故，很多温室在屋脊部位设置了限位杆（图3-63a）。该限位杆可以是圆管、方管、角钢或槽钢，一般是从温室屋面拱架上伸出（图3-63b），露出屋面的长度一般要求高于保温被在温室屋脊处被卷的高度（至少应高于保温被卷起时卷轴所在位置的高度），沿温室屋脊方向设置的间距一般为6～10m。当保温被卷到限位杆位置时，虽然限位杆不能切断电源使卷帘机停机，但由于限位杆的阻挡，保温被不能翻越限位杆而发生过卷，由此也可完全避免保温被过卷的事故，以及由此引起的卷帘机维修作业和温室由于没有保温被覆盖而造成的冻害等后续经济损失。当然，由于限位杆不能直接切断电源，当卷帘机失控后保温被碰撞到限位杆时：一种可能是卷帘机继续运行挤压保温被，使保温被受损；另一种可能是卷帘机电机过载受损或灭火，造成卷帘机电机的损坏。与保温被过卷造成的损失相比，显然，增设限位杆后造成的损失可能要小得多，而且设备维修也相对容易。

a.使用状态　　　　　　　　　　b.与结构的连接

图3-63　防过卷杆限位杆

另一种防止卷帘机过卷的方法是在二连杆卷帘机的连杆上安装一根柔性绳索（可以是麻绳、尼龙绳或钢绞线等），称为"限位绳"（图3-64）。当卷帘机运行到屋脊部位后，连接二连杆的限位绳被拉紧，在绳索的拉力作用下使卷帘机停止前进，由此实现对卷帘机的制动。

上述不论是防过卷的限位挡杆还是限位绳索，都是用机械的方法阻止卷帘机前行，并没有切断电机运行的电源，所以，只能是卷帘机运行控制中的辅助保护手段，实际上也是卷帘机运行的极端控制措施，卷帘机正常运行中绝不应该发生这种极限运行状态。这种辅助措施不仅可应用在手动控制系统中，在未来的自动控制系统中也是非常必要的。

a.整体　　　　　　　　　　　　　b.局部

图3-64　二连杆之间拉绳限位

3.4.3　卷帘机自动卷停控制

为了从根本上解决卷帘机卷放的自动控制问题，首先要找到卷帘机自动卷停的技术，也就是要求在卷帘机卷放到位后能自动触发电源开关切断电源。

实践中，切断电源的方法有机械法和电控法。机械法，就是卷帘机运行到位后通过机械的方法直接切断电源；电控法就是卷帘机运行到位后首先触碰限位开关，通过限位开关切断电源，其中触碰开关的方式又有保温被触碰和卷帘机卷杆触碰等多种形式。

3.4.3.1　卷帘机臂杆拉线直接切断电源控制卷帘机卷停

卷帘机臂杆拉线直接切断电源控制卷帘机卷停的方法是采用闸刀开关做电源开关。将闸刀开关露天（为保证安全，最好应有防雨保护）安装在控制温室南侧相邻温室后墙，正对卷帘机机头（或与卷帘机的连杆在一个平面内）、距离地面1.8m以上高度的位置（图3-65）。在卷帘机的机头或连接机头的支杆上与闸刀开关手柄之间设置开关拉线（系统组成如图3-65a，安装实景见视频3-6）。当卷帘机运行到屋脊位置时，卷帘机与闸刀开关之间的拉线被拉紧，当卷帘机继续前行时，带动绷紧的拉线将闸刀开关拉开，由此切断电源使卷帘机停机。

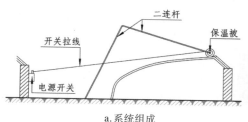

a.系统组成   b.电源开关及拉线局部

图3-65 卷帘机臂杆拉线直接切断电源控制保温被卷停

这种控制方法简单、实用，但闸刀开关露天安装存在安全隐患。重启卷帘机展开保温被时，需要人工与控制开关配合使电源开关复位或者单设电线控制回路。此外，这种方法只能控制卷帘机卷停，但不能控制卷帘机展停（原理上讲，将闸刀开关设在温室屋脊位置也可实现对展停的控制）。从卷帘机

视频3-6 卷帘机臂杆拉线直接切断电源控制保温被卷停

防过卷的角度分析，这种方法有效解决了上述机械防过卷技术不能停机的问题，由此，也可以将其归类为一种电动防过卷技术。

3.4.3.2 保温被触碰摇臂限位开关控制保温被停机

目前控制卷帘机，不论是卷停还是展停，大都采用保温被触碰限位开关的控制方式。最方便且最廉价的用于保温被触碰的限位开关还是工业用的标准化电力限位开关。传统的自动控制机械限位器多采用摇臂式限位器（图3-66）。

这种开关的控制原理是当保温被卷放到行程开关位置时触碰开关上的摇臂，摇臂实际上是一根杠杆，当摇臂的一端（主动端）受力发生位移后将同时带动另一端（被动端）向相反的方向发生偏转。摇臂的主动端露出开关盒，当保温被卷

图3-66 传统的摇臂限位装置

放过程中触碰到主动端后,将撬动杠杆隐藏在开关盒内的被动端发生位移,由此接通控制电路切断卷帘机电路控制卷帘机停机或者直接切断卷帘机电路控制其停机。

摇臂式限位器既可用于手动控制的限位控制(用于手动控制时,操作人员只要启动卷帘机运行后即可离开现场,不必等到卷帘机停机,由此可节约操作人员的工作时间),也可用于自动控制的限位控制;既可用于保温被的卷停控制,也可用于保温被的展停控制(图3-67a、b)。因此,这是一种通用、廉价且全能的限位控制器。手动控制时,当保温被触发开关断电后,限位杆一直处于保温被顶压状态,直到人为控制卷帘机反向运行释放压力后,限位杆复位,等待下次触发;自动控制时,按照自动控制设定的条件(如室内温度、室内外温差或时间等),当满足卷帘机自动开启条件后,卷帘机自动反向转动,保温被(卷被轴)脱离限位挡杆,限位器开关自动复位,等待下次触发。

a.保温被展停限位   b.屋脊卷停限位(标准型)   c.屋脊卷停限位(加长型)

图3-67 摇臂式限位开关在日光温室卷帘机控制中的应用

摇臂式限位器用于日光温室卷帘机控制采用保温被触碰挡杆触发电路断开时,由于保温被被卷柔软、刚度小,且卷起后体积较大而又扭曲变形严重,标准的工业用电力限位开关的限位杆大都较短,保温被触碰不灵敏,实践中经常发生保温被局部过卷或保温被压过限位杆而压坏限位杆的情况(图3-68),造成控制系统失效。

针对这一问题,解决方案:①将标准的工业用限位杆加长并将其安装在防过卷挡杆上(图3-67c)。这种方法:一是加长限位杆较好地适应了被卷柔软和体积庞大触碰限位不灵敏的问题;二是限位杆限位万一失效后可直接由防过卷挡杆阻挡保温被前行，起到了双保险的效果。②加强摇臂杆的强度（图3-69），保证保温被不会压坏摇臂杆。③沿温室长度方向保温被的限位位置设多个限位开关，第一个限位开关失效后由第二个限位开关递补保护，提高限位的保险系数。④用刚性的卷被轴或机头替代柔性的保温被被卷触碰限位开关。

图3-68　损坏的限位器

图3-69　加强摇臂杆的限位开关

　　机械式挡杆限位器技术成熟，产品应用广泛，造价低廉，但使用在温室保温被控制系统中，由于其被长期置于室外环境，随着限位器中元器件的老化或机械密封不严等原因容易造成限位器漏水、漏气或进尘，长时间运行后可能会造成内部电路短路或者锈蚀，由此可能造成控制系统失灵或误操作。因此，在探索研究日光温室卷帘机自动控制系统的过程中，多种更适合柔软保温被被卷触发的限位开关被开发出来。

3.4.3.3　保温被卷触压按钮开关控制开关断电的限位开关

　　按压式控制开关，就是在开关盒上突出一个按钮，外力按压按钮，即切断电路，当外力取消后，在弹簧力的作用下使按钮回位，重新接通电路，等待下一次触发，其工作原理如图3-70a。根据这一原理制成的按钮开关如图3-70b，这种限位开关在温室卷被控制中可置于温室屋脊（图3-70b），用于卷停卷帘机，也可置于温室前底脚用于卷帘机展停。

　　按钮式开关结构简单，成本低，但用于保温被卷放控制过程中由于保温被被卷体积大、质地柔软，常发生保温被碰撞按钮后由于

视频3-7　踏板开
关控制卷帘机停机

边缘压力不足不能触发开关动作而造成保温被过卷的事故。为此，改进的按钮式开关采用踏板式结构（图3-70c），将接触保温被按钮的面积和体积增大，并设置多点保护，可保证限位开关的精准控位和安全运行（视频3-7）。

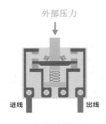

a.开关原理图

b.安装在温室屋脊控制卷帘机卷停的按钮开关

c.安装在温室前底脚控制卷帘机展停的踏板开关

图3-70　按压限位开关

3.4.3.4　保温被被卷顶推拉线控制开关断电的限位开关

这种控制限位开关是在保温被的外侧沿温室屋面设置一根钢丝拉线，其长度较保温被被卷运动路线长度稍长，拉线两端分别穿过屋脊和屋面前底脚塑料薄膜伸入室内，一端固定连接在温室骨架，另一端连接到固定在骨架上的拉断开关。当保温被上卷到达屋脊位置后将拉线顶紧，从而拉动开关臂断开电路，其工作原理如图3-71。

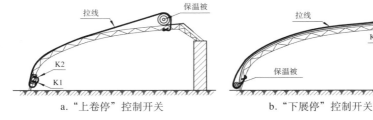

a."上卷停"控制开关

b."下展停"控制开关

图3-71　保温被被卷顶推拉线进行限位的控制原理

和工业限位杆触碰开关设置方法一样，这种限位开关也分别采用温室屋脊"上卷停"和底脚"下展停"两组开关（图3-71、

图3-72）。"上卷停"限位开关安装在温室内前底脚的骨架上（图3-71a），"下展停"限位开关安装在温室内后屋面骨架上（图3-71b），而且为增强控制的安全性、增大保险系数，每组控制开关又设计了2个联动开关（图3-71中的K1和K2，实物如图3-72b、c），其中，K1称为"常用开关"，K2称为"备用开关"。2个联动开关K1和K2之间用柔性钢丝连接，钢丝的长度略大于两个开关之间的间距与单个开关的行程之和，可形成正常控制状态下"常用开关"K1对"备用开关"K2的保护，而当"常用开关"K1失效后，"备用开关"K2又能起效及时切断电源开关。正常运行时，"常用开关"K1拉开后，由于联动开关之间钢丝长度富裕，不能被随动拉紧，所以不能拉动"备用开关"K2，"备用开关"K2处于"常闭"状态；而当"常用开关"K1失控后，继续拉动"常用开关"K1并使其开关位移超过其行程范围后将拉紧2个联动开关之间的拉线，由此触发"备用开关"K2被拉开，从而切断电源，实现对卷帘机的二次停机保护。

a.在底脚处两条控制拉线　　b."上卷停"开关　　c."下展停"开关

图3-72　保温被被卷顶推拉线限位控制实景图

"常用开关"K1的开关臂端部连接2根可沿其运动方向反向对拉的拉绳，一根连接一个弹簧后沿开关臂垂直方向就近固定在温室的骨架上，另一根穿过温室覆盖材料（温室底脚处仅穿过塑料薄膜，温室屋脊处需要同时穿过塑料薄膜和保温被，图3-73）后沿温室屋面铺设在保温被的上表面，直到另一组限位开关所在位置（卷停开关拉线到温室底脚，展停开关拉线到温室屋脊）附近再从室外穿过温室覆盖材料后就近系扣在开关相邻的温室内骨架上（图3-72a）。带弹簧的拉线称为"复位线"，缠绕在温室外表面的拉线称为"限位线"。对应卷停开关和展停开关的限位线分别称其为"卷停限位线"和"展停限位线"。两根限位线都是一端固定系扣在温室内骨架上，另一端绕过温室屋面保温被连接在限位开关K1的开关臂上，每根限位线为定长，其长度分别根据保温被卷停和展停位置拉紧后能正好拉开限位开关K1的开关臂为基准确定。

当保温被上卷到屋脊后，在保温被上卷的推力作用下，卷停限位线被拉紧，由此拉拽温室底脚的卷帘机卷停开关组的"常用开关"K1断开，切断电源，卷帘机停机。由于"常用开关"K1的开关臂两侧分别安装有限位线和复位线，当限位线拉开开关后将同时拉动复位线将连接在复位线上的弹簧拉开，在保温被卷停期间，复位线上弹簧始终处于拉开状态；当保温被开始下卷后，保温被作用在卷停线上的荷载卸载，卷停线开始松弛，此时复位线上的弹簧收缩，带动控制开关K1复位，卷停电源接通，等待下一次的触停。

同理，当保温被下卷到温室底脚时，被卷推拽展停限位线，拉动温室屋脊的卷帘机展停开关，切断电源，卷帘机停机（视频3-8）。由于卷帘机的展停限位线和卷停限位线的长度以及保温被在展开和卷起时被卷的大小不同，所以，卷停开关和展停开关互不干涉，各司其职。

视频3-8　顶推拉线限位开关控制卷帘机停机

a.从塑料薄膜穿出（整体）　　b.从塑料薄膜穿出（局部）　　c.从保温被和薄膜中穿出

图3-73　限位线在屋面覆盖材料穿出的情况

图3-72的开关全部暴露在室内空气环境中。由于温室内空气长期处于高湿状态，室内喷灌或喷药等都可能会使水滴滴溅到开关，由此可能会导致开关短路，从而引起控制系统的失效或误操作。因

此，后续的改进是将所有开关安装在一个开关盒内（图3-74），只要保证开关盒的密封，基本可避免发生上述短路事故。

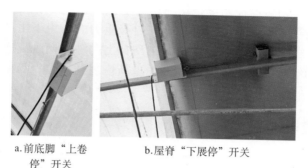

a.前底脚"上卷
停"开关

b.屋脊"下展停"开关

图3-74　改进的开关盒控制限位开关

3.4.3.5　保温被被卷滚推连杆触发控制开关的限位开关

　　针对日光温室保温被卷起后被卷大而软的特点，研究人员设计了一种长臂杆大行程的开关摇臂，并将这种摇臂做成近45°角的曲臂杠杆，在两臂转角连接点处设转动支点，用悬空支杆将其悬挂在温室屋脊保温被停卷的控制位置。曲臂杆的一侧为主动臂，是触碰保温被卷的臂杆；另一侧为被动臂，在其端部安装一个触碰柄，用该触碰柄二次触发控制电路的行程限位开关（图3-75a）。这种方法实际上是采用一种二次传递的方法间接地触发控制电路的行程开关。由于控制电路的行程开关安装在支撑曲臂杠杆的水平悬杆上，其位置高于保温被被卷的直径，因此保温被在卷放过程中无法触及到电路控制行程开关。此外，二次传递的曲臂杠杆其被动臂上的触碰柄是刚性材料，触碰电路控制行程开关后不会发生自身变形而带来延时触发开关的问题，所以也就彻底消除了控制开关触碰失灵的问题。

　　为保证控制开关处于常开位置，曲臂杠杆的主动端臂杆长度比被动端臂杆的长度长，在自身重力作用下主动端臂杆处于正常下垂状态，由此带动安装在曲臂杠杆被动臂杆上的触碰柄脱离电路控制行程开关，这就是保温被展开后不触碰曲臂杠杆主动臂杆的状态（图3-75b）。当保温被卷起时，保温被被卷的上卷，将推动曲臂杠杆主动臂杆向后屋面方向转动，由此带动曲臂杠杆的被动臂杆向上转动，当被动臂杆上的触碰柄转动触碰到电路控制行程开关的触杆后，带动触杆转动接通控制电路切断动力电源使卷帘机停机（图3-75c）。当保温被重新展开后，曲臂杠杆在自身重力的作用下主动臂杆重新回位到自由下垂位置，再次将其被动臂上的触碰柄脱离电路控制行程开关的触杆，电路控制行程开关重新恢复到原位，等待下一次的触碰。

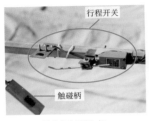
a.控制开关触点

b.保温被展开位置杠杆

c.保温被卷停位置杠杆

图3-75　保温被被卷滚推连杆触发控制开关的限位开关（屋脊位"卷停"限位开关）

　　这种控制开关采用两套杠杆，或者说在传统工业行程开关的基础上增配了一套适合大直径柔软被卷触发的曲臂杠杆，用二次传递触碰的方法有效解决了柔性保温被卷触碰开关后不能即刻断开电路的问题，这是该控制系统最关键的创新。

　　上述屋脊处控制保温被卷停的限位器同样也适用于控制保温被展开后的展停控制，只是限位器开关放置的位置由温室的屋脊处更换到了温室前基础外的地面（图3-76）。为了更可靠地控制保温被的展停，曲臂杠杆的主动侧臂杆还采用平行的双臂结构，以适应卷被轴弯曲可能造成的行程偏差。

图3-76　保温被被卷滚推连杆触发控制开关的限位开关（基础前沿"展停"限位开关）

3.4.3.6　保温被被卷滚动压连杆触发水银开关的限位开关

　　这种限位开关的原理和上述被卷滚推连杆的限位器相似，保温被的被卷在滚动的过程中触碰并滚压一个杠杆，使杠杆失去平衡后触发安装在杠杆另一端的水银开关，进而联动切断卷帘机的供电电路。

开关用的杠杆是一根形状为长度不等且互呈钝角的L形折弯杆（以下称为限位杆，图3-77a）。限位杆的长肢段中部用一根螺杆轴将整个限位杆固定在贴近南侧基础的温室骨架上（图3-77b），并使长肢段的一半伸出室外，另一半则保留在室内，限位杆的短肢段则完全暴露在室外（图3-77a）。限位杆以螺杆为轴可在双肢外力差的作用下自由旋转。通常在限位杆室内侧安装有吊挂配重，保温被卷起时，限位杆依靠室内侧配重的压力使长肢段保持水平或基本水平（在温室骨架安装螺杆的上方安装有一个挡杆，如图3-77c，用于控制限位杆的水平位置），而短肢段则处于翘起状态；当保温被在向下卷放的过程中，首先碰到限位杆长肢段的室外部分并依靠保温被和卷帘机卷轴的压力随着卷帘机的运行将限位杆室外端压低，同时带动室内段抬起。

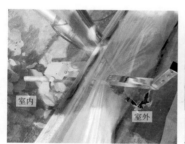

a.整体 b.在骨架上的固定 c.电路开关

图3-77 杠杆限位器

在限位杆的室内段臂杆上安装有一个电路开关（图3-77c）。该电路开关是通过一个水银珠来控制电路的通断（图3-78）。水银珠和两个电极的端部被封闭在一个柱形玻璃外壳内，两个电极的引线则从玻璃外壳中引出接到控制电路中。当玻璃外壳的尾翼向上扬起时，水银珠依靠自身重力下滑，将玻璃壳内的两个电极接通（图3-78a），触发控制电路向CPU发出信号，控制系统根据CPU控制逻辑启动卷

帘机运行；当玻璃外壳的尾翼向下垂时，水银珠又在自身重力作用
下向下滚动而将两个电极断开（图3-78b），从而切断控制电路，在
CPU接收到电极断路信号后根据逻辑控制发出信号使卷帘机停机。
由于水银珠和电路电极密封在玻璃壳体内，与外界环境没有任何接
触，所以基本不存在老化或密封不严的问题，由此也就保证了控制
开关的耐久性、稳定性和精准性。

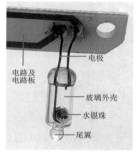

电极

电路及
电路板

玻璃外壳

水银珠

尾翼

a.电极接通状态　　　b.电极断开状态

图3-78　水银珠控制的电路开关

　　工程设计中将该电路开关安装在限位杆的臂杆上，并置于限位
杆的室内侧，以减小外界环境对其保护外壳材料的影响。通过改变
臂杆的倾斜角度，可实现开关中水银珠与电极的通断。实际运行中，
当保温被卷下时，被卷滚压限位杆室外臂杆，使限位杆发生倾斜，
由此带动安装在限位杆上电路开关中的水银珠向玻璃外壳的尾翼滚
动，从而断开电极，电路断路，卷帘机停机；保温被卷起后，限位
杆在室内臂杆上吊挂配重的作用下恢复水平位置，电路开关中的水
银珠在重力作用下反向滚动，重新将两电极接通，控制系统复位，
等待下一次触发，由此实现卷帘机自动控制的精准限位。由于被卷
从接触限位杆臂杆到臂杆倾斜使开关中水银珠脱开电极有一定的滞
后时间，所以限位杆安装的位置不能过低，否则保温被触地后滚压
限位杆的倾斜角度不够，将无法触发电路开关使卷帘机停机。

　　上述限位杆是安装在温室前底脚用于控制保温被展开时卷帘机
的停机控制。当保温被卷起上卷到屋脊位置时，这种限位杆由于没

有合适的安装位置而无法继续使用。为了解决这一难题，设计者将开关电路盒安装在屋脊位置的保温被上。当保温被卷到屋脊位置后，再继续上卷时将带动开关电路盒一起转动使其发生倾斜，由此造成开关电路中水银珠的滚动，从而使其断开控制电极，电路断电，卷帘机停机。当保温被再次展开时，开关电路盒随保温被恢复原位，开关电路中的水银珠重新接通控制电极，控制系统复位，等待下次复位。

由此可见，开关电路控制盒是这项技术的关键核心。为了保证控制盒中控制电路的安全性，设计者在每个盒中安装了2套控制开关，每套控制开关上又安装了2组控制电极（图3-79），相互之间形成保护，形成了4重保险。

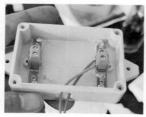

a.通断开关及其安装　　　b.通断开关开关盒内的布置　　　c.封装后的开关盒

图3-79　开关电路控制盒及其内部结构

3.4.3.7　保温被被卷滚压压板触发干簧管开关的限位开关

这种控制开关采用一根固定在屋面拱架上可以上悬转动的条形压板来传递保温被展开与卷起的状态（图3-80）。在该压板的活动端安装有一个用重力锤平衡力矩的二连杆机构（图3-81），该机构由一块特制的曲柄钢板和一根支杆组成（图3-82）。曲柄钢板在其肘部用一个转轴将其固定在温室骨架的内侧，曲柄的一端安装拉拽屋面压板的支杆，另一端安装电路控制开关的触碰板，支杆的另一端连接屋面压板的活动端。

当保温被展开时，在卷被轴和保温被卷的共同压力下，将屋面压板下压平贴到温室屋面，在此过程中通过连接在压板活动端的连杆撬动曲柄钢板使曲柄钢板的活动开关触碰板向上旋转并最终与固定安装在屋面拱杆上的固定开关触碰板接触，从而接通控制电路，控制卷帘机停机；当保温被卷起时，由于屋面压板失去压力，二连杆在重力锤的作用下将屋面压板顶起（图3-80a、图3-81a），曲柄钢板上的活动开关触碰板与屋面拱杆上安装的固定开关触碰板脱离，控制电路开关断开，等待下一次触发。限位开关运行和控制过程请见视频3-9。

视频3-9 屋面限位开关运行视频

a.保温被卷开时压板位置　　　　b.保温被覆盖时压板位置

图3-80 屋面限位开关的屋面压板

a.触点断开状态　　　　b.触点闭合状态　　　　c.触点大样

图3-81 屋面限位开关的二连杆结构

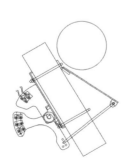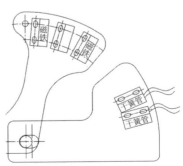

a.系统结构图　　　　　　　　　b.触点节点

图3-82 屋面限位开关结构图

活动开关触碰板和固定开关触碰板实际上是一对"子母板"，是本项技术限位开关中的电路控制开关。该电路控制开关实际上是一套干簧管传感器，其工作原理如图3-83a。将两片弹簧片相隔一定间距封装在一个装有惰性气体的封闭套管内，两端接出连接线与控制电路相连。该弹簧片封装套管固定安装在屋面拱杆上，为不动开关触碰板。在没有外力作用下，两根弹簧片处于分离状态，控制电路处于断开状态。当在外力作用下将两片弹簧片的端部相接触后，则接通控制电路，实现对控制线路的断通。实现弹簧片接触并接通控制电路的外力来自于安装在曲柄钢板一端（活动开关触碰板）的永磁铁。当永磁铁贴近弹簧片时，利用磁力将两片弹簧片吸合，从而实现接通干簧管内连接电线的作用。因此，这套传感系统是两件套（图3-83b），其中的吸铁片安装在曲柄钢板上，弹簧管及控制线路则安装在温室骨架上。

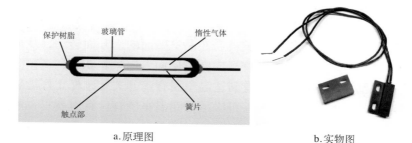

a.原理图　　　　　　　　　b.实物图

图3-83　干簧管传感器的工作原理与实物

为了增加控制系统的安全性，设计在具体的控制设备上安装了2套单簧管传感器（图3-81c、图3-82b）。

屋面限位开关，由于安装在温室屋面上，当控制开关被卷放的保温被触发后，如果即刻切断电路，则保温被将无法继续卷放到温室的前沿基础，由此将无法全面密封温室前屋面。为了解决这个问题，在实际控制电路中采用行程开关触发控制开关后延迟切断卷帘机运行电路的策略。在卷帘机及其控制系统安装的过程中，根据温室前屋面骨架的形状、卷帘机的转速、行程开关安装的位置、保温被的厚度及展开后被卷的初始直径等参数调整切断电源的滞后时间，保证保温被完全覆盖温室前屋面后锁定控制系统。在卷帘机运行的过程中，如果发现有保温被卷放不到位，可随时调整控制系统切断电源的滞后时间。

3.4.3.8 卷帘机卷杆触碰限位开关控制保温被卷放

这套系统采用卷帘机上的金属杆件来触碰限位开关（图3-84），而且设计者还采用了多种开关触碰模式。

（1）卷被轴触碰限位开关展停卷帘机　卷帘机的展停采用卷被轴或焊接在卷帘机机头的触碰杠杆来触碰限位开关（图3-84a）。限位开关安装在靠近温室底脚、卷帘机下卷展开保温被后卷被轴或焊接在卷帘机机头的触碰杠杆能触碰到限位开关的位置。当卷帘机下卷到温室底脚时，触碰杠杆碰开限位开关，电路断电，卷帘机停机。

（2）卷帘机底脚转轴连杆触碰限位开关卷停卷帘机　卷帘机的卷停是通过安装在二连杆卷帘机底脚支撑转轴上的触碰杆来触发限位开关而断开电路的（图3-84b）。在二连杆卷帘机的底脚转轴上垂直转轴安装一根短杆，即开关触碰杆，在卷帘机上卷保温被的过程中，卷帘机底脚的转轴也随保温被被卷在温室屋面的上升而转动，从而带动连接在转轴上的开关触碰杆向温室屋面方向倾斜转动，调整限位开关的位置，使卷帘机被卷到达温室屋脊前开关触碰杆正好能触碰到限位开关的开关臂，则卷帘机运行到温室屋脊位置时就可以触碰限位开关切断电路，实现卷帘机的卷停。

（3）卷帘机连杆触碰限位开关停机　为了进一步节约材料、提高效率，改进设计中，按照转轴上焊接支杆触碰限位开发停机的相同原理，直接借用二连杆的支撑杆，在二连杆离开底脚一定距离垂直二连杆运动平面的两侧分别设置限位开关（图3-84c），内侧为保温被屋脊卷停限位开关，外侧为保温被展停限位开关，精确调整限位开关的安装位置，即可在卷帘机上不增加任何构件的条件下实现对卷帘机的有效停控。

事实上，这一控制原理和控制方法也同样适用于摆臂式卷帘机。这种设计采用硬质金属杆件触碰限位开关，完全摆脱了保温被被卷松软和庞大造成对限位开关触碰不敏感和易损伤的困局，用工业控制的手段解决了特殊的农业生产设备的控制问题，是一种非常值得

a.卷被轴触碰开关展停　　b.二连杆转动轴上焊接　　c.二连杆驱动杆双向限位
支杆触碰限位开关卷停

图3-84　用卷帘机触碰限位开关控制保温被卷放

研究和推广的技术模式。

3.4.4　卷帘机自动控制现状与展望

　　上述介绍了日光温室卷帘机自动卷停和展停的技术和设备，应用这些技术和设备解决了卷帘机自动控制中卷帘机运行到位后停机的问题。对于一套完整的自动控制系统，控制停机只是其中一个环节，要实现完全的温室卷帘机自动控制，必须要有自动化或智能化的开机控制程序，而这需要根据温室室内外温度和日出、日落等气象条件以及室内种植作物的要求和温室的保温性能等进行多因子决策控制。这方面的技术和设备国内目前还处于探索研究阶段，市场化的设备尚未形成。针对中国特色日光温室卷帘机的全自动智能化控制任重而道远，期待不久的将来有更多、更实用的技术和设备涌现出来，服务产业、提升产业。

　　卷帘机的发明是我国日光温室技术发展史上一项里程碑的技术创新，但卷帘机的自动控制技术却迟迟没有跟进。对于卷帘机的卷放，虽然目前的技术已经基本摆脱了"手拉脚踹"的人力卷放时代，但对其控制还大都停留在人工操控电闸的初始电动控制阶段。在人类进入电气设备智能化控制的时代后，日光温室卷帘机还未踏入自动化的阶段，从另一个层面也说明了我国日光温室现代化的道路还很漫长。

4 温室降温

　　众所周知，日光温室由于节能效果显著，在我国北方地区主要用于蔬菜的越冬生产，夏季由于降温负荷大，运行成本高而基本闲置。

　　传统的日光温室园区，夏季生产主要在两栋日光温室之间的空地上进行露地种植，日光温室主要是覆盖薄膜消毒备耕。因为日光温室的保温储热效果好，在接受强烈太阳辐射并置于夏季室外高温环境温室内温度很高，覆盖棚膜后向土壤灌水并使用有机肥或消毒剂可使空气温度上升到60℃以上、土壤温度升高到40℃以上，能有效杀灭温室土壤中种植上茬作物残留的各类病原体，为下一茬作物的种植建立起良好的土壤条件。

　　除了消毒备耕之外，也有种植者夏季揭开棚膜在温室内种植玉米等大田作物，这样可以获得倒茬的效果，同样具有减轻土壤连作障碍、减轻土壤富营养化的作用，实际上也起到了为下茬作物备耕的效果，而且还能收获一季作物产量，增加经济收入。

　　随着我国土地资源供应越来越紧张，如何高效利用日光温室，使其周年高效生产，最大限度开发土地的利用效率，已经成为当前和今后日光温室性能改进和提升的一项重要研究任务，由此，对日光温室夏季的降温需求也就成为必然。事实上，越夏育苗的日光温室基本都配置有湿帘风机降温系统，冬枣等一些高附加值果树在越夏冬眠春化时甚至配套有空调制冷设备，通过反季节生产和供应精品果蔬用高效益来获得高回报。

　　生产实践中用于日光温室夏季降温的技术主要有通风、遮阳、湿帘风机、喷雾以及空调制冷等多种形式。通风降温的原理与设备在第2章已经进行了详细介绍，空调制冷由于运行成本高只有在高附加值产品生产中偶有应用，日光温室配备热泵加热系统时也可在夏季逆循环使用，热泵设备和散热器均与加热系统相同，相关内容在第5章中进行介绍。本章主要介绍日光温室遮阳降温、湿帘风机降温和喷雾降温的技术与设备。

4.1 遮阳降温

4.1.1 遮阳降温原理

遮阳降温就是在温室的采光面覆盖一层遮阳网或其他具有一定透光率的覆盖物，通过减少进入温室采光面的太阳辐射而降低温室内空气温度或减少照射在作物冠层的太阳辐射，从而降低作物体感温度的方法。

温室遮阳的方法有两种：一种是将遮阳覆盖材料置于温室采光面的外表面，称为外遮阳；另一种是将遮阳覆盖材料安装在温室内作物冠层以上，称为内遮阳。外遮阳能够直接将室外太阳辐射阻挡在温室外，从而减少进入温室的热辐射，兼具减少室内光照和降低室内空气温度的双重作用；内遮阳则无法阻挡进入温室内太阳辐射的总热量，只能降低照射在作物冠层的太阳辐射量，因此，这种降温方式一般只能降低作物的体感温度而不能降低温室的空气温度。为了提高温室内遮阳降低室内空气温度的能力，在遮阳材料的选择上多选择表面具有反光特性的遮阳网，如银灰色遮阳网或缀铝箔遮阳网，利用材料表面的反光性能可部分地将进入温室的太阳辐射二次反射出温室，从而减少进入温室的太阳辐射，达到如外遮阳系统遮阳和降温的双重效果；然而，由于遮阳网在室内反射的太阳辐射量总要小于其在室外直接阻挡的太阳辐射量，因此，内遮阳的降温效果总要低于外遮阳，而且内遮阳幕布由于表面需要敷设反光材料也增加了其成本。但内遮阳系统一般可直接利用温室的结构安装，不需要另外增设温室结构构件，因此相对外遮阳系统，其整体建设成本低。此外，内遮阳系统更换遮阳材料还可用于温室冬季的室内保温，起到室内二道保温幕的保温效果，而且对日光温室而言，冬季的保温要求比夏季的降温要求更重要，因此，大量日光温室还是选择安装内遮阳系统。当然，在建设资金允许的条件下，同时安装内遮阳和外遮阳，可兼顾夏季降温和冬季保温，而且夏季降温更增加了控制的多样性和灵活性，也是设计中的一种选择。

遮阳是一种建设投资少、运行成本低、可用于温室越夏生产的有效降温措施，近年来在日光温室上开始探索性应用，并结合日光温室特点开发出了诸多形式。

4.1.2 日光温室外遮阳形式及其性能

日光温室外遮阳系统，按照能否人为调节遮阳来分，有固定式遮阳系统和活动式遮阳系统。其中固定式遮阳系统，根据遮阳材料的不同，又分为遮阳网遮阳和表面喷涂（多为喷白剂喷白）遮阳两种形式（图4-1）；活动式遮阳系统可分为手动拉幕遮阳（图4-2）和电动（自动）控制遮阳系统。按照遮阳网与温室屋面之间的距离分，有遮阳网紧贴屋面的贴合式遮阳方式（图4-1b）和遮阳网架离屋面的分离式遮阳方式（图4-2）。前者遮阳网紧贴温室屋面，遮阳网吸收太阳辐射后自身温度升高，以辐射的形式将吸收的部分热量二次传进温室；后者由于遮阳网与温室屋面之间有一定空间，一方面遮阳网的热量不能直接传入温室，另一方面在室外风力作用下，遮阳网与温室屋面之间形成风力通道，可将遮阳网与温室屋面之间空间的高温空气用室外低温空气置换，从而可显著降低进入温室的热负荷。因此，在条件许可时，温室外遮阳应尽量采用遮阳网架离温室屋面的分离式遮阳方式。

a.表面喷白遮阳系统　　　　b.遮阳网遮阳系统

图4-1　固定式遮阳系统

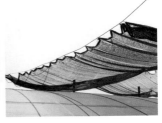

图4-2　手动拉幕活动遮阳系统

固定式遮阳系统除了遮阳材料之外，基本不需要附加其他任何辅助设施，建设投资低，基本也没有运行成本。但这种遮阳系统不能调节室内光照，在遇到阴雨天等室外光照弱的天气条件时，将会直接影响温室内作物的光照，不利于作物生长。表面喷白遮阳系统的喷白剂会随着室外降雨量的增加不断被清洗而使温室屋面的遮阳率不断降低，进而失去温室遮阳的功能，需要根据降雨冲洗的情况适时补喷喷白剂。在选择使用喷白剂时一定要注意材料的环保性能，材料应不含有害物质。目前连栋玻璃温室遮阳中有专用的喷白剂，但在一些经济条件有限的地区或一些种植户也可以采用泥浆作喷涂材料，环保而又经济，只是这种材料易被雨水冲洗掉，需要经常性地根据冲刷情况增补。

相比固定式遮阳系统，活动式遮阳系统可以根据室外光照和温度条件以及室内种植作物的生长要求，适时灵活地控制遮阳网的启闭，合理调整温室内的光照和温度（如早上温度低时，打开遮阳网温室采光；午后室外温度升高时，展开遮阳网降温），应该是未来重点研究和应用的一种遮阳形式。

活动式遮阳系统，根据驱动遮阳网的形式不同又分为拉幕（图4-3a）和卷膜（图4-3b）两种形式，也有将拉幕和卷膜集成为一套系统中使用的（图4-3c）。从全覆盖遮阳的角度看，卷膜遮阳是一种比较经济的遮阳方式。当然，屋面采用拉幕遮阳，立面采用卷膜遮阳的集成式遮阳方式也能够实现温室屋面的全覆盖，而且屋面遮阳和立面遮阳还可以有不同的组合管理模式，但相对而言造价偏高，具体管理中对操作者的管理水平要求也高，实际应用中应根据经济和管理水平选择使用。

a.拉幕遮阳系统　　　　b.卷膜遮阳系统　　　c.屋面拉幕立面卷膜遮阳系统

图4-3　电动控制遮阳系统

不论是拉幕遮阳还是卷膜遮阳，遮阳网自身的性能将直接影响遮阳降温的效果。目前市场上遮阳网的种类很多。从材质分类，有聚乙烯、高密度聚乙烯、聚氯乙烯等；从丝线截面形式分类，有圆丝、扁丝和扁圆丝；从编织方式分类，有经纬交叉编织网、针织网等；从颜色分类，有黑色、银灰色、红色等，还有专门表面缀铝的网材等，不同的颜色除了遮阳和降温效果不同外，对温室防虫的效果也不同，有的颜色对室内种植作物的生长也会有影响。同种类型的遮阳网一般都有不同遮阳率的系列产品。具体生产中应根据遮阳的目的和要求，从遮阳网的强度、耐老化、颜色、价格等多方面综合分析确定遮阳网的选材。对遮阳目的的遮阳网一般更多从价格出发多选择黑色遮阳网。

4.1.3　活动遮阳拉幕系统

活动遮阳拉幕系统是将遮阳网的一边（称为固定边）固定在拉幕梁上，另一边（称为活动边）固定在活动边驱动杆（可以是铝型材、钢管等材料）上，通过拉动活动边驱动杆即可实现对遮阳网的启闭。

遮阳网的驱动系统一般都采用钢缆拉幕驱动系统，也有采用齿轮齿条驱动系统的。前者使用灵活，尤其适用于大跨度不规则的拉幕系统，而且造价便宜，但在运行中需要经常性地进行调整和维护；后者虽造价较高，但运行平稳，维护成本低。

按照遮阳网的驱动方向不同，活动遮阳拉幕系统可分为沿温室长度方向驱动的纵向驱动方式（图4-4a）和沿温室跨度方向驱动的横向驱动方式（图4-4b）。纵向驱动方式，可采用钢缆驱动系统，也可采用齿轮齿条驱动系统，一般驱动电机放置在温室遮阳系统的中部；而横向驱动系统，由于温室跨度方向距离长，只能采用钢缆驱动系统，驱

a.后立柱直接坐落在砖后墙上的纵向驱动系统　　b.后立柱直接坐落在土墙后墙上的横向驱动系统　　c.后立柱坐落在温室外地面上的横向驱动系统

图4-4　后立柱的设置位置与遮阳网的不同驱动方式

动电机一般放置与温室中部的前立柱上，便于操作和管护。

按照遮阳网铺设面的水平度不同，活动遮阳拉幕系统又分为水平面遮阳和倾斜面遮阳两种形式，前者遮阳网在一个水平面上运动（图4-5），后者则是根据日光温室后部高、前部低的特点设置为前低后高的倾斜面遮阳（图4-4）。水平面遮阳，遮阳网与温室屋面之间空间大，热空气积聚少，但遮阳网遮挡斜射阳光的能力差（图4-5a），要全面覆盖温室屋面需要在温室前部另设垂直面遮阳网（图4-3c），或者采用温室生产区整体遮阳的方式（图4-5b），将温室屋面和温室之间的露地全面覆盖遮阳网。倾斜面遮阳：一是遮阳网遮挡斜射阳光的效果比水平面遮阳好；二是前立柱低矮，可节省结构用材；三是只需要配置一套遮阳网驱动系统，而且遮阳网的用材也少。显然，水平面遮阳系统的建设成本要远高于倾斜面遮阳系统。为此，大量的日光温室外遮阳系统采用倾斜面遮阳方式。

a.单体温室遮阳系统   b.生产区整体遮阳系统

图4-5　水平面遮阳系统

拉幕系统的支撑结构主要由支撑立柱和支撑横梁组成。两根立柱分别竖立在日光温室屋面的南北两侧（分别称为前立柱和后立柱，对生产区整体遮阳的水平面遮阳系统因无前后立柱之分，可统称为立柱），柱顶支撑拉幕横梁，形成门式结构。沿温室长度方向，间隔3～4m设置一组门式钢架，形成整体的排架结构。前后立柱柱顶沿排架方向（温室长度方向）设置柱顶纵梁，将排架结构连接成为一体。为保证排架结构的整体稳定性，设计中尚应按照排架结构设计规范，在一定距离的排架之间设置立柱斜撑和横梁斜撑。

（1）后立柱形式及其设置位置　活动遮阳拉幕系统支撑结构的后立柱，根据温室后墙和后屋面结构的承载能力不同设置的位置也有差异。后墙或后屋面结构具有足够承载能力的温室，后立柱可以直接坐落在后墙的顶面（称为墙顶立柱，图4-4a和图4-4b）或后屋面拱架上（图4-6）。这种做法可以缩短后立柱的高度，从而节省立柱用材，增强支撑结构的强度和稳定性。但这种结构在温室结构强度设计中应将温室屋面承力结构、温室遮阳拉幕系统支撑结构与墙体结构按照一个整体的结构体系来统一计算结构强度。由于目前对外遮阳在展开、收拢以及半张开等条件下结构承受风荷载的传力模型和体型系数研究不多，上述一体化的结构计算模型尚缺乏精确的结构强度分析手段，温室结构的强度设计带有很大的经验性。为保证温室结构的安全性，在可能的条件下，尽量选择将后立柱脱离温室结构直接坐落在温室后墙外地面上的做法更可靠（称为地面立柱，图

4-4c）。当然，对于后墙强度不足的日光温室，遮阳系统的后立柱必须坐落到后墙外地面上（说是地面上，实际应该是独立基础上）。生产区整体水平面遮阳系统的立柱基本也都是脱离温室结构设置在温室之间的空地上。

图4-6　后立柱设置在后屋面

后立柱的结构形式，根据温室的跨度和高度不同以及温室建设地区的风雪荷载等条件不同，有的采用单管立柱（图4-7a），有的采用平面格构立柱（类似桁架，图4-7b），还有的在立柱上增设了斜拉索和斜支撑（图4-6），具体设计中应根据上述条件，按照合理的力学计算模型，分析计算遮阳网在不同开启度条件下的最不利状态进行结构形式

a.单管立柱　　　　　　　　　　　b.平面格构立柱

图4-7　后立柱的结构形式

选型和构件截面校核，以保证结构在安全条件下的经济性。

（2）前立柱形式及其设置位置　活动遮阳拉幕系统支撑结构的前立柱结构形式和后立柱结构形式基本相同，有单管立柱（图4-8a、b）和平面格构立柱两种形式（图4-8c）。其中，对单管立柱，为了增强结构的承载能力，有的设计者在立柱的内侧或外侧再增设一道斜支撑（图4-8a、b）或斜拉索，也是一种比较经济的设计方法。从抵抗立柱顶部托幕线和压幕线的拉力来分析，将斜支撑设置在立柱的内侧似乎更加科学。如将斜支撑设置在立柱的外侧，一般可用钢丝或钢筋等斜拉索代替管材，更能发挥材质的潜力，因为这种情况下斜支撑主要承受拉力。

a.带外斜撑单管立柱　　　　b.带内斜撑单管立柱　　　　c.平面格构立柱

图4-8　前立柱的结构形式

为了节省立柱材料，有的设计者直接将前部拉幕横梁固定安装在前一栋温室的后墙上（图4-9），从而取消了拉幕支撑结构的前立柱。由于取消了前立柱，温室前部的空间更加开阔，既便于室外空地的露地种植，又便于进出温室作业机具

图4-9　利用前栋温室后墙替代前立柱

的交通和作业。但这种做法要求温室后墙有足够的承载能力，设计中应对温室后墙的承载力进行校核（尤其是局部拉力）。此外，这种做法增加了遮阳系统托幕线和压幕线的长度，也增加了驱动钢缆绳的长度，从而不仅增加了建设成本，而且增加了张紧这些线绳的难度。具体设计中应根据实际情况经济合理地选择使用这种形式。

（3）横梁结构形式　拉幕系统支撑结构的横梁是连接前后立柱、

支撑遮阳网的主要受力构件。根据温室的跨度大小，一般有单管和桁架两种结构形式（图4-10）。

a.单管横梁   b.桁架横梁

图4-10 横梁结构形式

单管横梁支撑结构，用钢量少，横梁截面小，对温室屋面的遮阳少（主要指温室冬季遮阳网收拢期间），在保证结构强度的条件下应优先选用。对于单管横梁的支撑结构，为了进一步增强结构的整体强度，可在横梁和立柱的连接点处增设斜支撑（图4-10a），减小横梁的净跨度，在用钢量增加不多的条件下能够显著提升结构的整体承载能力。一般单管横梁支撑结构多用于跨度较小（如8m以内）的日光温室。大跨度（9m以上）的日光温室，外遮阳支撑结构多用桁架作横梁。

4.1.4 活动遮阳卷膜系统

活动遮阳拉幕系统结构用钢量大，拉幕系统辅材（包括托幕线、压幕线、驱动钢缆绳等）用料多，拉幕电机功率大，因此，改进的方案是采用卷膜系统。由于遮阳网重量轻、厚度薄，所以非常适合卷膜开启，可直接选用塑料温室和日光温室的卷膜开窗机，成本低、设备标准化程度高、来源丰富、性价比高。

卷膜遮阳系统按照是否架设卷膜支撑架分为无独立支撑架卷膜遮阳系统和有独立支撑架卷膜遮阳系统两种形式。无独立支撑架卷膜系统就是直接利用温室的屋面骨架作支撑（图4-11a），将遮阳网覆盖在塑料薄膜之上即可。和温室屋面卷膜通风系统一样，遮阳网卷绕在卷膜轴上，通过卷膜轴的转动卷起或展开遮阳网，即实现对遮阳网的控制。而有支撑卷膜遮阳系统的遮阳网则是脱离温室屋面（图4-11b、c），在专门的支撑结构上运行，实现温室屋面的遮阳功能。

a.直接在屋面上卷膜遮阳　　　b.与屋面同弧度骨架上卷　　　c.与屋面不同弧度骨架上
　　　　　　　　　　　　　　膜遮阳　　　　　　　　　　卷膜遮阳

图4-11　活动遮阳卷膜系统

　　无独立支撑卷膜遮阳系统，结构用材少，安装速度快，但由于日光温室屋面上有开窗机构（包括温室前部开窗和屋脊开窗）和保温被卷帘机构，再安装遮阳系统后往往会造成多种机构管理和操作上的不便，设备运行中不可避免会出现相互干涉的问题，此外，由于遮阳网展开后紧贴温室屋面塑料薄膜，遮阳网虽遮挡了室外太阳辐射，但遮阳网本身吸热后的热量则大部分又通过传导进入温室，使遮阳的降温作用大打折扣，因此，在经济条件允许的情况下，建议尽量采用独立支撑架的卷膜系统。

　　有独立支撑架的卷膜系统，由于遮阳网与温室屋面之间有一定空间，吸热的遮阳网不能直接将自身热量传导进入温室，大多情况下，遮阳网吸收的热量都通过遮阳网与温室屋面之间空间的空气对流而消散在温室外的大气中，使温室的热负荷大大减轻。

　　有独立支撑架卷膜系统的支撑架基本按照温室屋面的弧形设计成拱形结构，具体实践中有完全与温室屋面骨架弧形平行设计的支撑架（图4-11b）和与温室屋面骨架不同弧形的支撑架（图4-11c）两种形式。前者结构紧凑，占地空间少，结构用材小；后者温室屋面与遮阳网之间对流空间大，遮阳网展开后集聚热量少，降温效果更显著，温室屋面塑料薄膜和保温被更换时操作空间也大，但这种结构用钢量稍大，所占空间大。具体设计中，应根据生产需要，结合温室的温光性能要求，综合分析后选择经济、合理的工程方案。

　　对遮阳网的卷放一般采用侧卷摆臂式卷膜器。摆臂杆安装在温室山墙上或温室山墙外地面。卷膜器可以是电动控制或手动控制，电动控制卷膜器也可根据室内外温度和室外太阳辐射强度实现自动控制。对长度较长的温室（一般大于80m），可在温室两侧山墙设置卷膜器，为减轻劳作、方便控制，山墙两侧设置卷膜卷膜时最好采用电动或自动控制，或采用手动遥控控制。

4.1.5　室内活动遮阳保温系统

　　和室外活动遮阳系统一样，室内活动遮阳保温系统也有拉幕和卷膜两种系统。其中，拉幕系统也分为沿温室长度方向拉幕的纵向拉幕系统（图4-12a）和沿温室跨度方向拉幕的横向拉幕系统（图4-12b）。卷膜系统一般需要在温室内安装固定的支撑架，而拉幕系统则可直接利用温室的拱架安装托幕线和压幕线，不再单设支撑拱架。除种植食用菌等不需要阳光或对光照要求很低的温室采用固定式遮阳外，室内遮阳保温系统一般均采用可控制开闭的活动遮阳系统。

a.纵向拉幕系统　　　　　　b.横向拉幕系统　　　　　　c.卷膜系统

图4-12　日光温室室内遮阳系统

　　纵向拉幕系统，一般拉幕幅宽为3～4m。这种拉幕系统，由于遮阳网拉开时室内总是有数道遮阳网收拢的遮阴带，直接影响遮阳网下部作物的采光，因此，大部分的室内遮阳拉幕系统均采用沿跨度方向的横向拉幕系统或卷膜系统，这两种系统在遮阳网收拢后一般会收拢到温室后墙（图4-12b），基本不影响温室内作物的采光。对于跨度较大的温室，采用横向拉幕系统时为了解决单程拉幕距离过大的问题，也可将拉幕系统分为两段，在温室中部设一道遮阳网的固定边。对于卷膜系统而言，由于遮阳网材料厚度较薄，不论多大跨度温室，单程卷放都不会影响系统的稳定运行，而且系统造价低，因此，大部分的室内遮阳系统都采用卷膜系统，而且遮阳与保温经常合二为一，可周年使用，更能节约温室建设成本。

卷膜系统最大的问题：一是需要单设室内拱杆支撑遮阳网；二是在温室内需要另设两堵内山墙。卷膜的摆臂杆安装在内山墙外，这不仅增加了结构用材，加大了建设成本，而且内山墙与外山墙之间的空间无法种植，减少了温室地面的种植面积，降低了地面的利用率。

4.2 湿帘风机降温系统设置方法

湿帘风机降温系统是大型连栋温室中广泛使用的一种降温措施，不论设计方法和运行管理在大型连栋温室中都比较成熟，但应用在日光温室中，由于日光温室体型和空间的特殊性，湿帘风机降温系统的设计和管理尚有许多研究和探讨的地方。

4.2.1 湿帘风机系统降温原理与设备构成

湿帘风机降温系统是利用水蒸发吸热的原理实现空气降温的。将湿帘安装在温室的一侧墙面，风机安装在离开湿帘一定距离湿帘的对面或侧面温室墙面。当需要降温时，风机启动，将温室内的高温空气强制抽出，并造成温室内空气负压；同时，水泵将水提升到湿帘顶面并通过均匀布水管道将管道内水均匀喷洒到湿帘顶面，在自重作用下水流从湿帘顶面顺流到底面并在流动的过程中打湿湿帘表面，室外干热空气被风机形成的负压吸入室内时，以一定的速度从湿帘的孔隙中穿过，并与湿帘表面的水分接触，导致湿帘表面水分蒸发而吸收通过湿帘空气的热量，使之降温后进入温室，通过湿帘的冷空气流经温室，再吸收室内热量后，经风机排出，从而实现温室降温的目的。

由以上降温的原理可知，湿帘风机降温系统由湿帘加湿降温系统和风机排风系统两部分组成。湿帘加湿降温系统包括湿帘材料、支撑湿帘材料的湿帘箱体或支撑构件、加湿湿帘的配水和供回水管路、水泵、集水池（水箱）、过滤装置、水位调控装置及电动控制系统等，系统组成见图4-13。

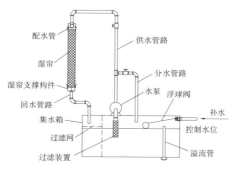

图4-13　湿帘水循环系统简图

4.2.2　湿帘风机系统在日光温室中的安装方式

　　湿帘风机系统设计安装中要求湿帘和风机分别安装在温室不同的墙面，风机和湿帘控制气流的区域即温室的降温区域。为了保证湿帘风机降温的有效性，湿帘和风机之间的距离应尽量控制在30～50m。结合日光温室的结构形式和空间尺寸，湿帘风机的安装方式有以下几种。

　　（1）山墙湿帘－山墙风机安装法　是日光温室安装湿帘风机最常见的方法，就是分别将湿帘和风机安装在日光温室的东、西两堵山墙上（图4-14），温室一侧山墙进风、另一侧山墙排风，实现室内的纵向通风，排除室内热量。这种安装方法一般要求湿帘安装在温室

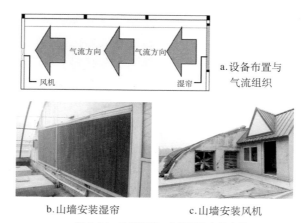

b.山墙安装湿帘　　　　c.山墙安装风机

图4-14　山墙湿帘－山墙风机安装方法

的上风向，风机安装在温室的下风向，主要是为了减少风机阻力，节约用电，提高湿帘风机降温的效率。需要注意的是，这里讲的风向为当地夏季的主导风向，因为温室湿帘风机系统主要在夏季运行，而非全年或冬季运行。如果由于其他原因不能按照上述风向要求布置湿帘风机时，在设计中需要将风机的风量加大20%。

将湿帘安装在山墙需要在山墙上开洞形成湿帘的进风口，不仅影响山墙的结构强度，而且由于山墙本身为保温墙体，在山墙上开洞后温室冬季运行期间墙体的保温也成为问题。为此，在设计中可将湿帘布置在温室室内离开山墙1～2m的位置（图4-15），保持温室山墙完整的结构和保温性能，风机湿帘夏季运行期间，可揭开湿帘与山墙之间温室屋面的塑料薄膜形成湿帘的进风口，到冬季温室保温运行期间再重新覆盖屋面塑料薄膜保持屋面的完整性。采用卡槽卡簧固定塑料薄膜，揭膜和盖膜也很方便，夏季将固定在山墙顶面或外侧墙面的塑料薄膜揭开后卷放在温室内湿帘的上部（图4-15a），冬季再还原到原位置即可，这种做法完整保持了屋面塑料薄膜的完整性，不用剪裁或破坏屋面塑料薄膜。另一种做法是在屋面通风口单独安装一幅塑料薄膜，夏季揭开（可保存在门斗内），冬季覆盖，这种做法不会影响屋面塑料薄膜的整体松紧度，安装、拆卸都很方便。为了避免屋面通风口敞开后害虫进入温室，湿帘风机运行期间应在屋面进风口安装与种植作物要求相适应目数的防虫网（图4-15b），冬季温室保温运行期间，为提高室内温度，可拆除防虫网。这种方法虽然完整保留了山墙的结构和保温，但将湿帘布置在温室内要浪费1～2m长温室室内种植面积，总体讲也不是一种尽善

a.夏季运行状态湿帘　　b.湿帘进风口屋面敞开覆　　c.湿帘安装结构
　　　　　　　　　盖防虫网

图4-15　湿帘脱离山墙单独设置在室内的山墙湿帘-山墙风机安装方法

尽美的技术措施。

由于日光温室长度一般都在60m以上，按照湿帘风机之间 30 ~ 50m的合理设计距离，直接在日光温室的两堵山墙上分别安装湿帘和风机，由于距离超长，温室的降温效果将受到很大影响，甚至无法工作，主要表现一是湿帘进风口和风机出风口之间室内空气温差较大；二是室内种植作物形成的沿程阻力过大，风机的静压不足造成风机排风量下降，整体影响系统的降温效率。为此，对于长度超过50m的温室，一般将温室分为两段，即在日光温室的中部增加两堵相距2 ~ 3m的山墙，将一栋温室分为两间，在中部两堵山墙上分别安装湿帘，在温室两端的山墙上分别安装风机，形成两间温室内不同方向的气流流场（图4-16）。湿帘风机运行期间，将中间两堵山墙之间的屋面打开，形成湿帘的进风口，可有效保证湿帘进风口气流的畅通，同时也可保证风机湿帘之间合理的气流运动距离。

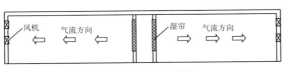

a.设备布置与气流组织　　　　　　　　　b.中部湿帘通道

图4-16　超长距离日光温室将其分为两个降温区域的山墙风机-山墙湿帘布置方法

这种方法虽然增加了两堵山墙，浪费了一定的种植面积，而且中间山墙的存在在一定程度上也会影响其附近室内种植作物的采光，但这种方法从根本上解决了日光温室长度超出湿帘风机有效工作间距的问题，权衡利弊，还是利大于弊。冬季湿帘风机系统不工作期间，也可以将中部两堵山墙之间的屋面通风口用塑料薄膜覆盖，如同日光温室一样进行生产或作为温室管理的操作间放置农具、农资或供管理人员休息之用。此外，一般将湿帘的供水水池放置在中部两堵山墙之间，也避免了设置在温室中占用种植空间。

（2）室内湿帘-山墙风机安装法　　也称为活动湿帘安装法。其原理基本和上述山墙湿帘-山墙风机中将超长日光温室分为两间安装湿帘风机的方法相同，所不同的是该方法用可拆装式简易隔墙（塑料薄膜）代替了山墙湿帘-山墙风机中永久性建设的中间两堵山墙（图4-17a），从而也减少了建设成本。在夏季温室降温季节将湿帘临时安装在可拆装式隔墙上，打开相邻两隔墙之间的屋面，形成湿帘进风口，风机仍然像山墙湿帘-山墙风机中一样永久性地安装在温室的两侧山墙。度过夏季降温季节后，拆除湿帘及温室内隔墙（图4-17b），封闭安装湿帘的相邻两隔墙之间的屋面，即形成一间整体温室。由于取消了温室中部两堵永久性山墙，一方面减少了温室的建设成本，另一方面也减少了冬季温室生产中由于中间山墙而产生的室内阴影，提高了光能利用率，一体化的温室空间也更便于作业和管理。

a.夏季运行时的隔断墙　　　　b.冬季运行时拆除隔断墙　　　　c.湿帘支架

图4-17　室内湿帘-山墙风机系统

（3）后墙湿帘-前墙风机安装法　　顾名思义，后墙湿帘-前墙风机安装法就是将湿帘安装在日光温室的后墙上，将风机安装在日光温室的前墙上，形成温室内气流沿温室跨度方向运动的横向通风的一种湿帘风机安装方法。由于湿帘和风机分别安装在日光温室的后墙和前墙上，相比前述将湿帘风机安装在山墙上的纵向通风系统，湿帘的安装面积和风机的安装台数将大大增加，风机与湿帘之间的间距也大大减小；此外，由于日光温室内作物种植大都以南北垄种植，温室内沿跨度方向的横向通风也大大减小了空气流动阻力，因此，湿帘风机的降温效果将明显增强。当然，所用的湿帘和风机的设备和材料用量也相应增加，建设投资也随之提高。

日光温室的后墙一般都是保温墙，墙体较厚，直接在后墙上安装湿帘，给温室冬季的保温带来很大影响。为此，在实际应用中将

后墙做成中空墙体，将湿帘安装在
温室内侧墙体中，在外侧墙体上局
部开设进风口（图4-18），由于两堵
墙体之间为中空，阻力很小，所以，
从进风口进入的空气能比较均匀地
分布到湿帘的入口表面，不会影响

图4-18　外侧墙体局部进风口

温室夏季的降温，而到了冬季，只要对进风口局部密封保温，即可
保证温室的整体保温要求，不会过多地增加温室的运行管理成本。

　　日光温室的前墙，也就是日光温室的南墙，是与日光温室的后
墙相对应而提出的。为了提高日光温室的采光量，传统的日光温室
采光屋面都是直接连接到地面，所以一般也没有前墙。近年来，为
了增强日光温室的保温性能，半地下室或称为下沉式结构日光温室
开始大面积推广，这样也就自然出现了日光温室的南墙。但由于这种
温室南墙实际上是一堵挡土墙（这也是提高温室保温性能的缘由），
前面是无限深厚的土层，在其上直接安装风机显然是不可能的，所
以，在日光温室的南墙上安装风机必须对温室的结构进行改造。

　　对于半地下室温室，南墙必须形成独立的墙体，也就是说要在
南墙的南侧留出风机排风的通道，这需要在通道的南侧再增加一道
挡土墙，并要使该挡土墙高出地面一定距离，以防止地面雨水排入
通道。此外，通道内也必须设置排水设施，以便能够及时排除雨雪
天降落到通道内的雨雪，或者在通道的顶部设置防雨顶棚。通道的
宽度应以不影响风机排风为原则设置，但往往是增大通道的宽度，
相应也提高了温室的造价，所以在具体工程中还是以牺牲风机的风
量来缩小通道的宽度，一般通道宽度为1～2m。

　　对于超大跨度日光温室（温室跨度在20m以上），温室的高度也
相应提高，这种情况下，采用半地下室结构对提高温室整体保温性
能的作用将显著降低，为此，可直接将前墙砌出地面。这样，在南
墙上安装风机将变得十分简单（图4-19）。只要保证墙体高度，满足
风机的安装尺寸和排风要求即可。

　　温室中前墙结构如采用不透光砖墙结构，将在很大程度上影响
室内地面的采光，所以，这类温室大部分用于栽培床栽培，主要种

植盆花或进行工厂化育苗。但如采用透光结构（图4-19d），则地面栽培将基本不受影响。

如果温室没有直立的南墙，风机也可以倾斜安装在温室前屋面骨架上。

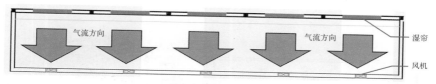

気流方向　気流方向　湿帘

风机

a.设备布置与气流组织

b.后墙安装的湿帘　　c.后墙湿帘-前墙风机系统　　d.前墙安装的风机

图4-19　后墙湿帘-前墙风机系统组成

（4）山墙湿帘-前墙风机安装法　就是在温室的两端山墙上安装湿帘，在温室的前墙上安装风机。这种安装方法实际上温室中也形成纵向通风。需要注意的是这种安装方法风机的数量（或风量）要与安装湿帘的面积相匹配，不能像后墙湿帘-前墙风机一样在整个南墙上均匀布置风机，而应将排风风机集中布置在靠近温室中部的南墙上，主要目的是避免风机与湿帘之间出现气流的短路。

相比后墙湿帘-前墙风机的安装方法，山墙湿帘-前墙风机安装法避免了对后墙的大规模改造，温室建设成本大幅度降低，但降温的效果将有明显的下降，如果与山墙湿帘-山墙风机相比，这种安装方式的降温效果还是有一定优势的。

（5）山墙湿帘-后墙风机安装法　就是在温室的两堵山墙上安装湿帘，在温室的后墙上安装风机（图4-20）。这种安装方法的通风降温效果与山墙湿帘-前墙风机安装法基本相同，唯一的差别是风机（排风口）的安装位置从前墙调换到了后墙。但将风机安装在后墙上，相比安装在前墙上，避免了风机的室内遮光，使温室内光照更加均匀，也避免了下挖地面温室独立设置前墙通风道的工程。不过，由于日光温室的后墙为保温墙，在后墙上安装风机的工程量较在非下挖式温室前墙安装要大，而且冬季对风机口保温的要求也较前墙大。

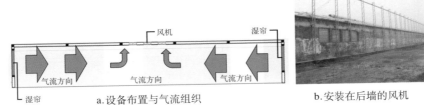

a.设备布置与气流组织　　　　b.安装在后墙的风机

图4-20　山墙湿帘、后墙风机安装法

（6）后墙湿帘-山墙风机安装法　就是将湿帘安装在温室的后墙中部，将风机安装在温室两侧山墙上（图4-21）。与后墙湿帘-前墙风机安装法不同的是，后前湿帘-山墙风机安装法中为避免气流短路，后墙湿帘不能完整地沿温室后墙长度方向通长布置，而应集中布置在温室后墙的中部，湿帘中部（湿帘与风机的最远距离）与风机的距离应保持在60m以内，湿帘边缘（湿帘与风机的最近距离）宜保持在20m以上，同时湿帘的总面积还要达到温室降温要求，一般不宜小于20m。实际工程中应根据上述约束条件综合考虑确定湿帘长度和高度。

图4-21　后墙湿帘-山墙风机安装法

（7）前墙湿帘-山墙风机安装法　就是在日光温室的南墙上安装湿帘，在两端山墙上安装风机。与后墙湿帘-山墙风机安装法相比，这种方法只是湿帘安装位置从后墙调整到了前墙，其他设计要求基本相同。与山墙湿帘-前墙风机安装法相比，这种方法安装的湿帘面积将会增大，而且气流在温室中形成横向流场，因此冷气流的分布也更加均匀，降温的效果也更好。与在南墙上安装风机的方法相比较，温室南墙前面的排风通道变为进风通道，因此，通道的宽度可大大减小，相应地温室的建设成本也将降低。对于不设通风道的南墙（南墙高出地面的情况），也避免了风机排气的直吹，有利于两栋温室之间种植作物的生长。但南墙设置湿帘往往会在温室内形成连续的遮阳带，影响室内作物采光，进而影响产品的产量、质量和商品性。这种系统主要用在育苗和高架栽培中。

4.2.3 湿帘风机设备配置

（1）**湿帘选型** 温室湿帘风机降温系统中常用的湿帘为纸质蜂窝湿帘。湿帘高度一般为1.0、1.2、1.5m，湿帘的厚度有10、15、20cm几种规格。每块湿帘的宽度多为30cm，可以根据安装宽度裁切。山墙安装湿帘一般在湿帘可安装尺寸范围内按最大面积设计，后墙和前墙安装湿帘，其长度一般按照温室的降温负荷计算确定。

（2）**风机选型** 湿帘风机降温系统中常用的风机型号为9FJ12.5和9FJ14（表4-1），后墙和前墙上安装风机的规格应尽量相同，但在山墙上安装风机时如果两台相同规格风机安装尺寸不够，也可选用规格不同的两台风机。风机室内侧应安装防护网，室外侧应安装百叶片。相邻两台风机之间应留有足够的密封间距，以避免相邻两台风机之间出现气流短路。风机非运行季节应在室外侧安装保温防护被，以避免风机口的"冷桥"。

表4-1 低压大流量轴流系列风机技术性能参数

风机型号	叶轮直径（mm）	叶轮转速（r/min）	风量（m³/h）静压（Pa）							电机功率（kW）
			0	12	25	32	38	45	55	
9FJ5.6	560	930	10 500	10 200	9 700	9 300	9 000	8 700	8 100	0.25
9FJ6.0	600	930	12 000	11 490	11 150	10 810	10 470	10 130	9 640	0.37
9FJ7.1	710	635	13 800	13 300	13 000	12 780	12 600	12 400	11 800	0.37
9FJ9.0	900	440	20 100	19 000	18 000	17 300	16 700	16 000	15 100	0.55
9FJ10.0	1 000	475	26 000	24 800	23 270	22 420	21 570	20 720	19 200	0.55

（续）

风机型号	叶轮直径（mm）	叶轮转速（r/min）	风量（m³/h）							电机功率（kW）
			静压（Pa）							
			0	12	25	32	38	45	55	
9FJ12.5	1 250	320	33 000	31 500	30 500	28 500	27 000	25 000	21 000	0.75
9FJ14.0	1 400	340	57 000	55 470	53 770	52 750	51 400	50 040	45 500	1.5

4.2.4 湿帘风机系统运行管理注意事项

湿帘风机系统在设计和运行过程中应注意以下事项：

①湿帘、风机的布置一般应为湿帘在温室的上风向，风机在温室的下风向。

②湿帘进气口不一定要连续，但要求分布均匀，如进气口不连续，应保证空气的过流风速在2.3m/s以上。

③湿帘进风口周边存在的缝隙需密封，以避免热风渗透影响湿帘降温效果。

④湿帘供水在使用中需进行调节，确保有细水流沿湿帘波纹向下流，以使整个湿帘均匀浸湿，并且不形成未被水流过的干带或内外表面的集中水流。

⑤保持水源清洁，水的酸碱度为6～9，电导率小于1 000μΩ。水池须加盖密封，定期清洗水池及循环水系统，保证供水系统清洁。为阻止湿帘表面藻类或其他微生物的滋生，短时处理时可向水中投放3～5mg/m³的氯或溴，连续处理时可投放1mg/m³的氯或溴。

⑥湿帘风机系统在日常使用中应注意水泵停止30min后再关停风机，保证彻底晾干湿帘；湿帘停止运行后，检查湿帘下部汇水水槽中积水是否排空，避免湿帘底部长期浸泡在水中。

⑦湿帘表面如有水垢或藻类形成，在彻底晾干湿帘后用软毛刷上下轻刷，然后启动供水系统进行冲洗，避免用蒸汽或高压水冲洗湿帘。

⑧冬季湿帘风机不工作期间，对永久固定的湿帘和风机，应将其用塑料薄膜或棉被罩盖严密，以提高温室的保温性能。

4.3 喷雾降温

4.3.1 喷雾降温原理

和湿帘风机降温系统一样，喷雾降温的原理也是利用水分蒸发吸收空气中热量而降低空气温度，所不同的是喷雾降温是将水通过高压喷雾后使水滴的直径减小到50μm以下，并使水滴与空气充分混合，由此使水分与空气充分接触而蒸发，在蒸发的过程中吸收空气中的热量使空气温度降低。

与湿帘风机降温系统不同，喷雾降温系统不能长时间连续运行，主要是喷雾降温在降低空气温度的同时也增加了空气湿度。当空气相对湿度达到饱和后，再增加水分空气中无法容纳，由此也将失去水分蒸发吸热的功能。为此，喷雾降温系统一方面必须间歇运行；另一方面，温室必须是一个开放系统，在喷雾降温期间温室的通风口一般也处于打开状态。由此，喷雾降温系统运行期间温室内的温度和湿度是交替升高和降低的，温度高时湿度低，喷雾降温系统开启，温室降温；温度低时湿度高，喷雾降温系统关闭，等待湿度降低后再开启下一阶段的喷雾。当温室中湿度高同时温度也较高时，如果启动喷雾降温系统，不但起不到降温的作用，而且会进一步增大温室内空气中湿度，当空气湿度达到饱和后，进一步的喷雾将使雾滴全部滴落到作物叶面或果实表面，这将为作物病害的产生和蔓延创造良好的条件。

4.3.2 喷雾降温设备

喷雾降温系统一般由水源、水质过滤和软化系统、加压水泵、输水管路和喷头等组成（图4-22）。由于高压喷雾管路中水压很高，一般在20个大气压*左右，所以喷雾系统的管路必须能耐高压，常用的管道材料为铜管（图4-22a、b）。

---

*1个标准大气压约为$1.013\ 25 \times 10^5$Pa（帕）。——编者注

a.喷头　　　　　　　　　b.输水管路　　　　　　　　c.高压泵

图4-22　喷雾降温系统主要设备

日光温室高压喷雾系统喷头一般沿温室长度方向间隔布置。对于跨度小于8m的温室，可沿温室中部布置1道管路；对于跨度大于10m的温室，可在温室中部布置2道管路。每道管路上间隔3～4m设置1组喷头，每组可以是1个喷头或2个喷头（图4-22a）。对于2条管路的喷雾系统，2条管线上的喷头应交错布置。

高压喷雾系统由于喷头喷水口孔径小，对喷雾水的水质要求也高：一是喷雾水中不得含有过大、过多的颗粒物，以免堵塞喷孔；二是喷雾水的pH不得过高，碱性水质容易在喷头和管路中结垢，一般喷雾水的pH应控制在6～7。为此，在喷雾系统的首部设备中应根据水质条件选配砂石过滤、筛网过滤或叠片过滤后再用RO反渗透膜脱盐，形成软化水后方可进入管路。

高压喷雾系统的水泵一般应选择柱塞泵（图4-22c），其压力可达20个大气压以上。系统压力计算应根据喷头的雾化压力再加上管路沿程阻力和阀门等局部阻力后确定，选择水泵的额定供水压力应大于系统最大阻力10%。

喷雾的控制系统一般应采用自动控制系统，根据温室内温度和湿度以及喷雾工作与停歇时间等进行多参数耦合控制。温度高、湿度低时喷雾系统启动工作；温度低、湿度高时喷雾系统停止工作。一般喷雾的工作时间宜为1min左右，停歇时间应根据室内温度和湿度确定，当室内温度高湿度也高时，即使系统达到了设定的停歇时间，喷雾系统也不能启动工作，以保证温室内空气湿度不致过高而引起作物病害。

5 温室储放热与加温

5.1 日光温室主被动储放热原理

日光温室能够高效节能，或者说在不加温条件下能够在北方地区越冬生产蔬菜，一是靠严密的保温，二是靠墙体和地面土壤的储放热。

日光温室白天墙面和地面直接接受太阳辐射（种植高秧作物或低矮作物叶面铺满地面时，太阳辐射照射到地面的能量可能为0），同时在室内空气高温期间也接受高温空气的传热，由此提高地面和墙面的表面温度并梯次提升地面土壤和墙体温度，将太阳辐射热量和室内热空气的热量储存在温室墙体和地面土壤中；夜间当室内空气温度下降到低于地表和墙体表面温度时，在温差的驱动下，地面土壤和墙体中储存的热量又梯次向温室内传递并最终释放到温室空气中，补充温室围护结构散热，保持室内适宜的空气温度以保证作物的正常生长要求。这种温室墙体和地面白天储热夜间放热的特性是日光温室特有的功能。

根据墙体和地面储放热是否人为介入调控，日光温室储放热分为被动储放热和主动储放热两种形式。所谓被动储放热就是墙体和地面白天吸收和储存热量，以及夜间释放热量均按一种自然的热物理过程进行，储放热量的多寡完全不受人为控制，由此室内夜间温度的高低一般也无法精准预测和控制。此外，为增强墙体的储放热能力，在温室墙体建筑材料选择上要求材料吸热速度快、热惰性大，因此，砖墙、石墙、土墙等容重大、储热能力强的墙体即成为被动储放热日光温室建设的主要选择。

　　主动储放热就是采用人工强制手段，白天加大墙体和地面的储热量，夜间根据室内温度的变化按需释放墙体和地面储存的热量，一是高效使用白天储存的热量，二是可充分保证温室作物要求的夜间温度（在白天主动储热量不足的条件下可通过补充外界能量满足热量需求）。

　　日光温室主动储放热理论是我国日光温室发展中一项重要的理论创新。在此理论的指导下，中国日光温室建设彻底摆脱了厚重墙体结构，开始走向构件工厂化生产，现场组装式安装的工业化发展道路。一方面大大提高了温室建设的工业化、标准化水平，使温室建设的规范性和建设速度大大提升；另一方面也显著减小了温室墙体建设的占地面积，减少了墙体建设对土地的破坏，进而引领日光温室建设向生态化方向发展。此外，采用主动储放热技术还彻底摆脱了被动储放热日光温室靠天生产的被动局面，在保证室内适宜温度的同时，有的技术还可调控温室内的空气湿度，降低作物病害，提高产品品质，从而显著提高温室越冬生产的安全性。应用日光温室主动储放热技术研究和开发各种形式的新型日光温室结构，应该是我国当前和未来设施农业工程科研和推广的主战场。本文在阐述日光温室主动储放热基本原理的基础上，系统总结了以墙体、骨架和地面为吸热体，以空气、水、土壤为储放热载体的主动储放热方法。以此为基础，全面总结了应用主动储放热技术的组装式日光温室在墙体结构上的创新和变迁，以期对未来的创新发展有所借鉴。

5.2　主动储放热技术与方法

　　主动储放热就是以最大限度吸收和储存白天温室内富余热量并在夜间根据需要高效利用和释放白天储存热量为目标，人为控制温室墙体、地面储存和释放热量的时间和多寡的技术与方法。

　　目前在科研和生产中应用的主动吸热和储热的方法有后墙表面吸热介质储热法、骨架表面吸热介质储热法、循环空气墙体储热法、循环空气地面储热法等。

5.2.1　后墙表面吸热介质储热法

　　后墙表面吸热介质储热法根据后墙表面吸热方法和吸热器吸热

面积的不同，可分为管道吸热法、墙板吸热法和夹层墙面吸热法。

（1）**管道吸热法**　是将黑色塑料管或表面涂黑钢管密集排列在温室的后墙内表面，依靠室内高温和直接照射在管道表面的直射和散射辐射将管道表面加热，通过管道内介质的强制流动将管道表面吸收的热量传入流动介质，使介质温度提高而储存热量（吸收的热量存储在流动的介质中）。管道中经济的介质可以是空气，也可以是水，但由于水的热惰性较大，所以工程中大多使用水作介质储存热量。根据管道在后墙表面的布置方向不同，管道吸热可分为横向和竖向两种布置方式（图5-1），在温室后墙上管道的布置面积可以是全后墙完全布置，也可以只在后墙的局部面积（如上部1/2部位）布置。对于种植如黄瓜、番茄、辣椒、茄子等高秧作物的温室，由于后墙的下部受到作物植株的遮挡，直接接受的阳光不多，所以从经济的角度设计，一般集热管多布置在温室后墙距离地面1/3墙体高度（1m）以上，同时考虑后屋面也可能会形成遮光，所以，集热管也不一定布置到墙体的顶面。

a.管道横向排列　　　　　　b.管道竖向排列

图5-1　后墙表面管道吸热

（2）**墙板吸热法**　原理和管道吸热法的原理基本相同，所不同的是将后墙表面线条式分布的管道改变成为具有一定面积的吸热板，顺序排列贴挂在温室的后墙内表面（图5-2）。吸热板有的采用中空PC板，在PC板的中空孔中注水吸收表面热量；有的采用特制的外表面为黑色塑料薄膜或钢板、背板为保温板、中间流水的封闭组件吸收热量（图5-2a）；也有用双层柔性塑料薄膜中间夹吸热水层组成的。相比管道吸热方法，采用吸热板的方法，很显然吸热的表面积增加了很多，吸收的热量也将会更多。

a.刚性墙板　　　　　　　　　b.柔性墙板

图5-2　后墙表面墙板吸热

（3）夹层墙面吸热法　不论是管道吸热还是墙板吸热，都无法将照射到整个后墙表面的热量全部吸收，而夹层墙面吸热法是在温室的后墙内表面安装一个铺满温室整个后墙表面的夹层水袋，通过均匀输水管道（在输水管道上均匀开孔）将循环水从夹层内喷射到夹层水袋的外表面（朝向温室室内的表面），从而吸收水袋外表面获得的室内太阳辐射和室内空气对流换热量（图5-3）。由此可见，夹层墙面吸热法吸收的热量应该最大，但由于夹层水袋内部空腔较大，在喷水

图5-3　后墙表面夹层墙吸热

过程中水的蒸发同时要消耗空腔内空气中一部分热量（这些热量最终还是来自水袋表面吸收的热量），所以，总的热效率不一定比墙板吸热法高。但从造价来讲，夹层墙面应该是最便宜的，而且完全解决了管道和墙板局部漏水的问题（夹层墙面吸热是在夹层水袋的底部设置集水槽，集水槽可以兼做储水池，也可以作为输水渠道将热水导流到温室内的储水池中）。

从墙面吸收的热量通过提升介质温度而储存在介质中，一般在温室内应设计一个储水池，大多设置在温室内地面下，一方面不影响温室地面的种植面积，另一方面地下土壤的温度比较稳定，在做好储水池外保温的前提下对储存热量的损失也较少。

5.2.2　骨架表面吸热介质储热法

骨架表面吸热法就是利用上下弦杆为圆管或方管的桁架结构形成一个闭环的水循环系统。由于桁架的上弦杆外表面在塑料薄膜的覆盖下直接对外，不受室内种植作物的影响，可接受更多的室外太阳辐射，桁架的下弦杆也可同时接受室内太阳辐射并吸收室内空气对流换热，事实上形成了桁架上下弦杆白天同时为吸热体的一种吸热体系。每根桁架是一个独立的微循环系统，将温室内所有的桁架通过主管并联在一起即形成一个大的储放热循环系统，可以将所有骨架表面吸收的热量集中回收到储热池中（图5-4）。到了夜间，随着室内温度的降低，温室的所有桁架又是散热器，将白天储存在储热池中的热量通过水泵回流到骨架中，由于钢管的散热能力强，而且骨架在温室中分布均匀，所以，在温室中释放热量也更均匀。为了增强管道表面的吸热能力，一般应在管道表面涂刷黑色涂料，涂料应无毒、无味，对钢材和塑料薄膜没有腐蚀作用。

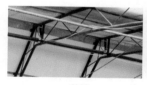

a.脊部　　　　　　　　b.整体　　　　　　　　c.前部

图5-4　骨架表面吸热介质储热

这种系统省去了专门配置在墙面吸热的设备，大大减少了温室建设投资，也不会有更多的设备占用温室空间。但该系统由于温室桁架是承重结构，在温室运行过程中桁架可能会随着风雪荷载、作物荷载等作用的变化而发生变形，因此对水循环系统连接处的密封性要求较高。此外，在桁架的上下弦杆上安装水循环回路连接件，需要在钢管上开口，会对结构的强度产生影响，在结构强度设计中应给予高度的重视，不应顾此失彼，得不偿失。

5.2.3　循环空气墙体储热法

循环空气墙体储热法就是白天将温室中的高温空气通过风机和

管道导入温室的后墙内，通过提高温室后墙内部的温度将热量储存在温室后墙内的一种储热方法。夜间，当室内温度降低到设定温度时，开启风机将白天储存在墙体内部的热量再释放到温室中补充温室的热量损失，保证温室生产需要的适宜温度。

根据气流在墙体内的运动方向不同，空气循环分为水平气流法和垂直气流法。

（1）**水平气流法**　亦称为纵向气流法，即导入墙体内部的气流是沿着温室的长度方向在墙体内同一高度位置流动（图5-5）。由于温室在长度方向气流在墙体内的流道较长，为了减小气流在墙体内管道中的空气阻力和空气进出口的温差，使导入温室墙体内的热量分布更均匀，一般沿温室长度方向每组通风管道的长度控制在30～40m，且沿温室墙体的高度方向设置3～5组通风管。在墙体内管道中的气流一般采用负压送风，即在通风管的出口安装排风风机即可。

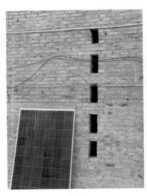

a.进风口　　　　　　　　b.风机口

图5-5　循环空气水平流动墙体储热

白天当室内温度超过25℃后即可打开风机，将室内高温空气抽进设置在墙体内的通风管中，提高墙体内部温度，并将热量储存在墙体内；到了夜晚，当室内温度下降到设定温度后，再打开风机，将白天储存在墙体内的热量回送到温室内，补充温室夜间散失的热量，保证温室内适宜的温度。

墙体内部的通风管可以是塑料管，也可以是在墙体砌筑过程中直接砌筑而成的砖通道。最新开发的机压大体积土坯墙体日光温室，可将通风通道直接预制在土坯块上，码砌土坯后自然将形成墙体内的通风通道。

（2）**垂直气流法**　也称为竖向气流法，就是在温室后墙的上部设进风口（因为温室白天上部的空气温度高），在墙体的下部设出风口，墙体内气流沿墙体高度方向自上而下流动，将温室内热量储存在后墙内的一种方法（图5-6）。采用垂直气流法的储放热墙体多采用空心墙，将两层墙之间的空间作为气流通道，这样可大大降低气流的阻力，而且墙体建造速度快，也不需要其他的附加管道，相应建设造价也低，温度在墙体内的分布也更均匀。

图5-6　循环空气竖向流动墙体储热

不论是水平气流法，还是垂直气流法，由于墙体为储热体，所以要求墙体建造材料的热惰性大，而且建造墙体的厚度不能过薄，所以，砖墙、石墙和土墙是使用这种系统比较理想的墙体。

采用墙体储放热，除了能够白天储热夜间放热，提高温室夜间空气温度外，由于气流在墙体内和温室内循环，温室内的空气基本处在高温高湿状态，而墙体材料又具有较强的吸湿性，所以，在空气流动的过程中，还可有效降低温室内的空气湿度，这对控制温室种植作物的病虫害、提高产品品质起到了间接的作用。

5.2.4　循环空气地面土壤储热法

循环空气地面土壤储热法的原理和墙体储热法的原理基本相同，所不同的是储热体由墙体变为地面土壤，而且气流在地面土壤中流动完全依靠管道导流（图5-7）。地面土体体积大、热容量大，所以能够储存更多的热量。采用地面土壤储热后可完全释放墙体的储热功能，

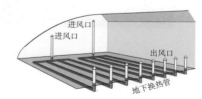

图5-7　空气循环地面土壤储热系统原理

温室墙体可以摆脱厚重墙体，更适于完全组装式结构的温室。

和墙体储热一样，根据气流在温室地面土壤中的流动方向不同，地面土壤储热法也分为纵向气流法和横向气流法。

（1）横向气流法　就是气流在地面土壤中沿温室跨度方向流动。一般在温室内屋脊位置沿温室长度方向通长设一根或多根（根据温室长度确定，一般每根长度控制在50m左右）进风管，进风管两端封闭，管壁上均匀打孔形成进风孔。进风管的中部沿温室墙体高度方向垂直进风管安装集风管，集风管上安装风机，通过三通将进风管收集的热空气汇集到集风管中。集风管的下端通过三通安装沿温室长度方向布置的热风分配管（埋置在地下），将集风管汇集的热风再均匀分配到热风分配管。与热风分配管垂直，间隔50～80cm通过三通安装换热管，换热管埋置在地表下30～50cm位置，沿温室跨度方向布置，换热管的末端通过弯头在温室的南侧伸出地面20～30cm。通过上述进风管、集风管、分配管、换热管和风机等形成一套完整的换热系统（图5-8），白天风机运行将室内高温空气导入地下土壤，提升土壤温度，储存热量；夜间当室内温度降低到设定温度时，开启风机将地下土壤中储存的热量再导流到温室内，补充温室热量损失，保证温室适宜的温度。这种方法不仅可提高温室内空气温度，而且还提高了温室地面土壤温度，更有利于作物根系的发育和对养分的吸收。同样，利用埋设在土壤中管道表面的结露，这种储放热的方法也能在一定程度上控制温室内的空气湿度。

a.整体

b.出风口

图5-8　循环空气横向流动地面土壤储热

（2）纵向气流法　就是气流在地面内沿温室长度方向流动。一般在温室地表以下30～50cm沿温室跨度方向布置3～5列沿温室长度方向的散热管，散热管的两端在靠近山墙（或在温室中部）的位置伸出地面，并在其中一端的管道上安装风机，一端为进风口，另一端为出风口（图5-9）。对于长度较长的温室，也可以将散热管沿温室长度方向分为两段，分别设置进风口和出风口。

a.进风口   b.风机口（温室中部）   c.风机口（山墙端）

图5-9 循环空气纵向流动地面土壤储热

相比横向气流法，纵向气流法使用的管道少，安装散热管需要的开沟工程量也小，相应工程造价也低，但由于散热管的表面积总量小，总体而言，其储存和释放的热量也相应较少。

5.3 日光温室主动加温技术与设备

日光温室是以被动或主动储放热的形式接受、储存和释放太阳能维持室内温度，保证作物生产，从而实现高效节能的一种温室形式。在我国传统能源供给不足、蔬菜需求量大且周年生产不均衡的条件下，这种温室确实为保障我国城乡居民的"菜篮子"立下了汗马功劳。

日光温室是主要依靠太阳能并通过温室围护结构的高效保温来维持室内温室作物要求的生长温度。正常天气条件下，经过优化设计的日光温室依靠白天高效接受和储存太阳能、夜间严密保温和缓慢释放太阳能，在北方大部分地区可以完全不用额外加温就能安全生产，这也是日光温室高效节能最直接的表现。但高效节能的日光温室并非完全不能加温或不需要加温，在下列条件下加温甚至是必需的：①在一些高寒高纬度地区建设日光温室，温室每天获得的太阳能不足，而且温室的保温也不可能无限制地加强，温室安全生产必须加温。②随着全球气候的变化，很多地区雾霾、沙尘、暴雪、严寒、连阴天等极端天气条件越来越多。短时间的冻害就可能造成作物永久性的伤害甚至绝收，因此，为避免灾害天气，温室应配套临时加温设备。③传统日光温室生产作物长期处于逆境生理环境中，产品难以获得优质、高产。为获得优质高产产品，必要的加温也是经济的。④冬季育苗的温室，为保证育苗质量，日光温室一般都配套加温设备。为此，在高效节能的前提下，日光温室配套加温设施，或临时供暖，或短时期供暖，用最小的经济投入保证可靠的作物生产环境，从而实现作物稳产和优质，是生产的需要，也是温室产品市场竞争的需要，更是保障温室种植者种植效益的直接需要。

用于日光温室各类主动加温的外部能源主要包括太阳能、传统化石能源、生物质能源、电能等。由于使用能源不同，相应的热源设备和散热设备也呈现出多样性。

5.3.1 太阳能加温技术与设备

虽然太阳能也可以通过光电转换将光能转换为电能后再通过光热（补光灯）或电热（电热丝、电热风炉、电热水锅炉）等方式将其转化为热能用于温室加温，但这种转换方式能量转换效率低、需要配套设备多、投资高，在生产实践中不经济而基本不用。实际生产中温室太阳能加温的方式主要以光热直接转化为主，即将太阳能直接转化为热水或热风用于温室空气或地面土壤加温。

太阳能光热转换加温系统主要由太阳能收集、能量储存和能量释放3部分设备组成。收集太阳能的设备从外形和收集太阳能的方式上分可分为平板集热器和弧面集热器；根据收集能量储存和输送工质不同，太阳能集热器还分为热水集热器和空气集热器。平板集热器一般均以热水为工质，而弧面集热器工质可以是热水或空气。

（1）平板热水集热器 是将若干内部充满液体工质的集热管平行安装在一个平面上形成一组集热管（图5-10和图5-11），太阳光照射集热管，将集热管内的工质温度提高，从而将热量储存在工质中。水具有热惰性大、价格低廉、来源广泛的特点，所以，平板集热管一般均使用水做热媒工质，由此，平板集热器也被称为太阳能热水集热器。

由于日光温室为独立的建筑和生产单元，所以平板集热器在日光温室上的配套大都是每栋日光温室安装独立的集散热系统，根据温室内种植作物的要求和管理经营模式分别独立运营和管理（图5-10）。但也有集中管理和运营的温室园区采用集热器集中布置的方式，利用园区的边角地带，集中布置集热器，将集热器产生的热水集中收集后再分散输送到每个独立的生产温室（图5-11）。

　　每个温室上独立安装的平板集热器大都沿温室的长度方向布置，一般安装在温室的后屋面（图5-10b）、后墙（图5-12）或后墙外（图5-10a），但也有将集热器安装在温室内的情况（图5-10c）。将集热器安装在温室外，可直接接受太阳光，集热器接受的能量多，而且集热器不占用温室内生产空间，但集热管在室外容易积灰，需要经常清理集热管表面灰尘，而且室外的风、雪、雨以及极端的高低温环境对集热器抗老化、耐候性的要求较高，在温度较低的地区夜间还可能发生集热管内工质出现冻结的风险。将集热器安装在温室内可有效解决上述放置在室外的问题，但由于受塑料薄膜透光率的影响，集热管接受的能量会显著减少，尽管温室前部空间小、地温低、边际效应明显，种植作物的株高和作业空间受到一定限制使日光温室前部种植作物单位面积的收益较小，但将集热器布置在温室内占用温室生产空间的问题仍然非常突出，而且集热器还会遮挡后部作物的采光，所以，实际生产中集热器大都安装在温室外。

a.后墙外平置　　　　　　　　b.后屋面斜置　　　　　　　c.室内斜置

图5-10　日光温室独立安装的平板热水集热器及其布置形式

　　北半球冬季太阳照射的高度角较低，为了最大限度接受太阳辐射，平板集热器应倾斜安装，使太阳光在集热管表面的入射角尽量减小。一般应根据温室建设地区的地理纬度，以冬季最大限度接受太阳辐射为目标设计集热器安装的倾斜角度。这一点区别于民用建筑周年使用热水器的设计理念。由于在温室后墙和后屋面倾斜安装集热器后，集热器上沿一般总是会高于温室的屋脊，而且位置也较温室屋脊后移，所以，倾斜安装的集热器总会加大前后相邻两栋温室之间的间距，这不利于提高温室建设的土地利用率。为了尽量提高温室建设的土地利用率，有的温室建设者将平板集热器平置（图5-10a），以期获得集热器集热效率与土地利用率二者的平衡和协调。实际建设中应根据温室建设的条件和要求，统筹考虑，设计符合实际生产经济有效的集热器布置方式。

图5-11　集中布置在地面空地上的平板　　图5-12　悬臂支撑在温室后墙上的平板
　　　　　热水集热器　　　　　　　　　　　　　　集热器

（2）弧面集热器　平板集热器上每个集热管都是接受平行的直射太阳光。由于太阳辐射单位面积的能量密度较低，所以集热管内热媒工质的温度也不会太高，就是说这种集热方式收集的能量是一种低品位的能量，这为后续的能量利用带来一定限制。

为了提高收集太阳能的能量品位，有的设计者采用弧面集热器，将平行太阳光反射聚焦在一个点或一条线上，即将大面积上的低密度太阳辐射能集聚成小面积上的高密度能量。一是可以显著提高热媒工质的温度，即提高收集能量的品位；二是可大大减少集热管的数量，由此也可以显著节省集热管的成本。

根据集热管内热媒工质的不同，弧面集热器分为热水集热器（图5-13和图5-14）和空气集热器两类（图5-15）。水的热容量大，热水集热器中水流的速度应相对缓慢，而空气的热容量小，在集热器中收集热量时气流速度应适当增大。

为提高弧面集热器收集能量的品位，一般集热器采用抛物面单管集热管，即将采光弧面上接收到的所有能量都反射聚焦到一根集热管上（图5-13b），这种集热方式在热媒工质不循环的条件下可以将热水温度升高到100℃以上，由此可得到较高品位的能量，高品位能量储存需要的罐体容积也相应减小。对日光温室而言，白天收集的热量主要用于夜间加温，如果热媒工质的温度太高，对集热罐的保温要求也就相应提高，因此在设计中应平衡集热罐罐体容积与集热罐保温之间的经济性。

a.集热器背面　　　　　　b.集热器集热面　　　　　c.墙体内散热管

图5-13　支撑在温室后屋面上的敞口弧面单管热水集热器

图5-13所示的单管弧面集热器，为了最大限度获得太阳辐射，反光弧面板和集热管都裸露在室外空气中，在严寒的冬季，集热管外露会大大增加集热管内热媒工质在循环过程中对外的传热量，从而降低集热器的整体集热效率。为此，有的设计者采用高透光的塑料薄膜或玻璃将集热管封闭在弧面板内（图5-14和图5-15），不仅可避免集热管直接外露引起的积尘等降低光热传递的问题，而且将集热管封闭在密封空间内还可以有效利用集热管释放的热量形成集热管密封空间内的高温，使集热管内热媒工质与集热管外空气的温差大大减小，由此显著降低集热管自身的散热量，从而提高集热器的整体集热效率。

为了扩大集热器弧面面积并能更高效地收集集热器弧面范围内的太阳辐射，有的设计者摒弃了单管集热管的设计理念，采用多根集热管（图5-14为4根管，图5-15为2根管），相应地将采光弧面也设计为多曲线弧面，由此也可显著提高集热器的整体集热效率。

a.集热器背面　　　　　　　　　　　　b.集热器集热面

图5-14　独立支撑在温室后墙外侧的弧面封闭多管热水集热器

a.集热器集热面　　　　　b.集热器背面　　　　　c.动力风机

图5-15　支撑在温室南侧地面上的弧面封闭双管空气集热器

　　弧面集热器一般安装在温室的后屋面（图5-13），当温室后墙或后屋面结构支撑强度不足时也可用独立的支撑立柱将其安装在温室后墙外后屋面高度位置（图5-14），但也有的设计将集热器安装在温室南侧的地面上（图5-15）。将集热器安装在温室后屋面的做法，集热器采光不受任何影响，集热器集热量大、集热效率高，但安装集热器会影响后栋温室的前屋面采光，或者需要加大相邻温室之间的间距，也增大了温室结构的荷载。此外，将集热器安装在温室屋面需要专门的支架，也增大了集热器安装的成本。将集热器安装在温室南侧的地面上，可完全消除集热器对温室结构的荷载，而且还节省安装支架的费用，但这种做法会遮挡温室内前部作物的采光，如果相邻温室之间的间距不足也会直接影响集热器的采光时间和采光量，进而影响集热器的集热量和集热效率。

　　（3）太阳能集热热量的储存与释放形式　太阳能集热器收集的热

量主要以热水和热空气为载体被传输和储存。热水作为工质时，储热的方式主要以热水罐为储热体，将热水罐与集热管连接为一个循环管路，白天通过水泵的动力驱动将集热罐内的低温水送入集热管不断加温，最终使储热罐内的水温整体提高，从而获得高温热水用于温室夜间加温。热水罐可以置于室外（图5-10a），也可以置于温室室内（图5-16a）。不论是置于室内还是室外，热水罐均应做好自身保温，尤其是置于室外的热水罐更应加强罐体保温。

储存在热水罐内的热量可以通过安装在温室内的散热器（图5-16b）或埋置在地面土壤中的毛细管（图5-16c）释放到温室空气或地面土壤中，从而实现提高温室内夜间空气温度和地面土壤温度的目标。

a.储热热水罐　　　　b.光管散热器加热室内空气　　c.毛细管加热地面土壤

图5-16　太阳能热水集热器收集热量加热温室的方式

除了热水罐储热外，集热器收集的热量也可以通过管道将其输送到温室后墙墙体内（图5-13c），通过提高墙体温度的方法将热量储存在墙体内。到夜间，温室像传统的被动式储放热日光温室一样通过墙体的自然放热将白天储存的热量释放到温室中，进而弥补温室围护结构的散热，保持室内作物生长要求的温度。显然，这是一种被动式散热方式，墙体白天储存的热量和夜间释放的热量都无法准确控制，而且墙体储热的同时也在不断向外传热和放热，应该说这种储热和放热的效率较热水罐储放热的效率较低，而且储放热量多寡以及储放热量的时空分布都无法人为控制。

空气由于热容量小，自身储热量有限，所以不能像水一样可以通过容器储存来储存热量。常用的做法是将空气集热器加热的空气通过风道导入墙体或温室地面土壤中，以墙体或地面土壤为载体储热。前已叙及，不论是墙体储热还是地面土壤储热：一是无法主动控制储放热容量及储放热时间；二是墙体和地面土壤都不能绝热储存热量，致使储放热的效率大大降低。但这种储放热不占用温室室内外建设和生产空间，尤其在墙体和地面土壤被动储放热量不足时，作为其补充热量的一种方式应该是经济有效的。

5.3.2　电热加温技术与设备

电是一种高品位的能源，而且来源便捷，用电设备多样，清洁无污染；如果能争取到农用电价或峰谷电价政策，还可进一步降低温室的加温成本。

用电热转换进行温室加温的方式可分为直接加温和间接加温两种。直接加温的方式包括电热线加温（包括用地热线提高土壤或基质温度以及用空气电热线提高空气温度）、电热丝电炉加温、电热灯加温（包括补光灯，在补光的同时加热空气）、电油丁加温等；间接加温的方式包括电热水锅炉加温、电热风机加温以及热泵加温等。

直接加温的方式主要用于局部加温或临时应急加温，加热热源为点状分散分布，散热方式基本为自然对流或辐射，因此，温室内温度分布很不均匀。为了在温室中获得均匀的温度分布场，保证作物的均匀生长，设计中大量使用的电加热系统主要为间接加温系统，即将电能首先转化为热能，再用散热器将热能均匀释放到温室中。

（1）电热风机加温系统　将电能转换为热能加热空气，再通过风机和均匀送风管道将热空气均匀输送到温室的加热方式称为电热风机加温系统。

电热转换与送风的方式有两种：①将电热线盘绕在均匀送风管道上，电热线通电自身发热后将送风管内外的空气加热，用风机将室内冷凉空气吸入送风管使之与管内热空气混合并不断加热，最终在风机的压力下从送风管出口射流到室内与温室内空气混合，从而提高温室内整体的空气温度并扰动空气混流，实现温度的均匀分布（图5-17）。这种系统风机安装在送风管的中部，风机的进风口安装吸风管，出风口安装在送风管上。送风管的长度一般不超过10m，整套送风系统吊挂在温室后屋面上，在温室长度方向每隔20～30m设置一套加温系统，可实现温室的临时加温和均匀送风。②用电热

a.系统总成　　　　　　　b.进风口及风机　　　　　　　c.加热线及风管

图5-17　电热线热风加温系统

丝做发热热源，将两组电热丝安装在一个箱体内，箱体的一侧安装送风风机，风机的对面侧箱体上安装均匀送风管道（图5-18）。两组电热丝可为不同功率，分别安装电路控制开关，或单组启动，或双组启动，至少可形成三档加热功率，可根据室内外温度变化自动或手动控制电热风机的启闭。

a.系统总成　　　　　　　　　　b.电热风机

图5-18　电热丝热风风机

（2）**电热水炉及配套散热设备**　电热水锅炉是用电热丝或其他电热元件将电能转化为热能并加热水供温室采暖的一种热源。用电热水锅炉产生的热水在日光温室内散热的方式有两种：①将热水输送到散热器内，依靠散热器与室内空气的对流换热和辐射散热将散热器内热水的热量释放到温室内；②热水输送到热水盘管中，再用风机吹吸热水盘管的外表面，将热水盘管中的热量强制释放到温室中。前者称为热水供暖，后者称为热风供暖。热水供暖需要配套散热器，而热风供暖的散热器就是热水盘管和风机的组合体，称为热风机。

日光温室由于单体面积小，而且保温性能好，单位面积热负荷不大（多在50W/m²左右，一般不大于100W/m²），所以，配套选用电热水锅炉的容量一般也较小（图5-19）。电热水锅炉由于自身容量小，可以随用随启动，锅炉自身大多不带储热罐，运行中直接循环供热管内的水体，并将热量通过散热器自然对流换热（图5-19b）或通过热风机强制对流换热（图5-19c）释放到温室中。市场上电热水锅炉的规格和型号较多，选配时可在保证锅炉的热容量及用电安全的条件下，以价格优先购买和安装。

a.电热水锅炉　　　　b.配套热水散热器　　　　c.配套热风机

图5-19　电热水炉及其配套设备

用于日光温室内的散热器形式也是多种多样，而且不同的种植模式散热器的布置形式也不尽相同。图5-20是采用铸铁圆翼散热器，其中散热器可以布置在温室的后墙（图5-20a）、温室前基础部位（图5-20b）或温室山墙上（图5-20c）；可以是单排布置，也可以是双排布置，主要根据温室供暖的热负荷确定。为保证温室内温度分布的均匀性，一般散热器布置均沿温室长度方向通长布置，如果温室的热负荷较小，散热器在后墙上不一定要求连续布置，但在温室前部由于前屋面的热阻较小，如果设置散热器一般建议连续布置。需要说明的是为保证散热器的散热效率，最下层散热器距离地面的高度不宜太小，一般应保持在50cm以上（在前屋面基部布置不能满足该要求时，也要距离地面20cm以上）；多层散热器布置时除了要保持各层之间的适宜间距外，还应按照设计规范对每层散热器的散热量进行折减。

铸铁散热器的防锈性能较差，长期处于高温高湿环境的温室中很容易锈蚀。所以，对这种散热器应做好表面防锈的处理和防护。替代铸铁圆翼散热器的一种做法是采用热浸镀锌钢制圆翼散热器，虽然造价较铸铁圆翼散热器高，但使用寿命长，散热效率高，材料

a.双排布置在后墙　　　　b.单排布置在温室前基础　　　　c.单排布置在温室山墙

图5-20　铸铁圆翼散热器

用量省，从长远看还是经济的。

图5-21是采用圆钢管或塑料管作为散热器，分别布置在温室前部（图5-21a）、温室内苗床下（图5-21b）和围绕种植作物布置（图5-21c）的案例。圆管散热器也可以沿温室长度方向布置在温室后墙（图5-16b）；塑料管散热器也可以布置在温室土壤中提高作物根部土壤温度（图5-16c）。采用热浸镀锌钢管或塑料管完全克服了铸铁圆翼散热器锈蚀的问题，而且布置更加灵活，尤其采用塑料软管后基本不用考虑管材的热胀冷缩问题，用于作物的局部加温也更方便。光管散热管材料来源丰富，安装方便，更换容易，设备占用空间小，室内温度分布均匀，在满足热负荷要求的条件下，建议尽可能采用光管散热器。

a.布置在温室前基础　　　　b.布置在苗床下　　　　c.布置在栽培作物四周

图5-21　光管散热器及其布置形式

除了铸铁圆翼散热器和光管散热器外，日光温室中也有应用民用建筑中常用板式散热器的案例（图5-22）。板式散热器根据材料不同有多种形式，如铸铁散热器、陶瓷散热器等。陶瓷散热器散热效率高、不锈蚀，相比铸铁散热器更适合在温室中应用。板式散热器由于散热量大，在温室中一般间隔分散布置，可以布置在温室的后墙，也可以布置在温室的前部，但布置在温室前部往往会占用温室种植空间，而且对前部作物采光也会形成一定的遮挡。为此，在使用板式散热器时建议采用板式散热器和光管散热器联合布置的形式，板式散热器布置在温室后墙，光管散热器布置在温室前基。

a.铸铁散热器　　　　b.陶瓷散热器（布置在后墙）　　c.陶瓷散热器（布置在前基础侧）

图5-22　板式散热器及其布置形式

上述散热器都是依靠自然对流将管道内热水携带的热量释放到温室内。这种散热方式换热强度低，在室外剧烈降温时室内温度下降较快，设计要求散热器表面积大、相应散热器数量多，价格也高。为提高散热器的换热强度，常用的做法是采用强制换热，即用风机强制空气在散热片或散热管周围对流，这样就形成了热风散热器（图5-23）。

a.布置在后墙上部　　　　　　b.布置在后墙下部

图5-23　热风散热器及其布置形式

热风散热器一般布置在温室的后墙，可以布置在后墙的上部，也可以布置在后墙的下部，但布置在后墙上部，散热器的出风口高，热风可以直接射流到温室中部甚至中前部。这种散热模式能够在作物冠层内形成一定的风速，而且由于送风的温度较高，还可有效降低作物叶片和果实表面结露的风险，对防止作物病害以及提高作物白天的光合作用都有积极的作用。

采用热风散热器需要在每个散热器上配套风机，而且风机运行的成本较高。为此，在选择设计散热器时应统筹经济和性能两个方面，以获得较高性价比的设计方案。

（3）热泵　是一种高效的电热转化设备，一般热转化效率COP为3～5。这种技术是提取空气或水等热媒中由于温差变化所包含的热能用于温室加温，可以将低品位甚至通常条件下无法使用的能源提升为高品位能源，因此不仅能效高，而且能量使用也更多样化。

日光温室中使用的热泵主要为空气源热泵。热泵供暖系统由热泵机组、水循环动力系统和散热器三部分组成（图5-24），其中散热器可采用上述热水采暖系统用散热器中的任何一种形式。图5-24的案例中散热器采用塑料毛细软管，均匀布置在温室后墙面。这种做法在白天毛细软管还可以直接接受太阳辐射将管内循环水加热，更兼具有一定的节能效果。

a.热泵机组　　　　b.水循环动力系统　　　　c.散热器

图5-24　热泵机组及其配套设备

5.3.3　燃料加温炉及其配套设备

上述太阳能和电能的加温系统都是用清洁能源。这类加温系统运行管理方便，几乎没有环境污染，但相对建设和运行费用也高，对缺少政府补贴或投资水平较低的农户而言，配套使用这类加温设备似乎有些"奢侈"。作为日光温室的临时和应急加温设备，广大的温室生产者都根据自身条件选择配套了多种形式的燃料加温炉，可因地制宜选择和使用经济可靠的燃料，包括煤（煤球、蜂窝煤、块煤）、柴油、液化天然气以及生物质燃料等，相应配套的燃烧炉及热量在温室中的输配形式也有不同。以下分别进行梳理和总结。

（1）直燃式燃煤炉　　是将燃煤炉直接放置在温室内，依靠炉体自身的散热来提高温室内的空气温度（图5-25）。选用的加温炉可以是工业生产的锅炉（图5-25a），也可以是自制的土建加温炉（图5-25b）。这种加温炉一般设置在温室中部后走道上，对于较长的温室可以设置多台，均匀布置在温室后走道上，燃烧后的尾气直接从温室后屋面或后墙排出室外。这种加温炉最大的缺点是炉体周围温度高，温室其他部位温度低，也就是说温室内温度分布很不均匀，而且燃烧的尾气通过烟囱直接排出室外，烟道内的热量没有得到充分利用。为此，改进的做法是采用更长的烟囱（图5-26），将烟囱作为散热器：一是可以最大限度将烟囱中的余热全部释放到温室中，达到节能的目的；二是可以将加温炉产生的热量均匀释放到温室内，减小温室内温度梯度，提高温室内温度的均匀度。应该说用烟囱做散热器的加温方式是一种经济且科学的方法，在条件允许的情况下应尽可能采用这种形式。

a.工业炉　　　　　　　　　b.土建炉

图5-25　通过炉体散热的直燃式燃煤锅炉

工业化的燃煤炉在市场上也有多种形式和规格，选择用于日光温室加温时，体积不宜过大，否则占用走道不便于温室的生产作业；此外，加温炉炉体自身的辐射散热量大，对邻近加温炉周围的作物炽烤严重，会影响这些作物的正常生长。

对种植低矮作物的温室，加温炉也可以放置在温室跨中（图5-26c）。这种布置方式基本不影响温室走道的运输作业，而且通过烟囱和炉体的散热室内温度分布也更均匀。不足之处主要表现在：一是加温炉设置在温室中部要占用一定面积的温室生产空间；二是烟囱在温室内布置需要吊挂在温室屋面拱架上，在增加温室拱架荷载的同时还会在温室内形成遮光阴影，影响作物采光（冬季由于太阳高度角低，将加温炉布置在温室中部靠后并将烟囱架高，烟囱对作物采光的影响可以显著减小或甚至完全消除）。

a.烟道沿后墙布置（大炉）　　b.烟道沿后墙布置（小炉）　　c.燃煤炉置于温室中部

图5-26　通过烟囱散热的直燃式燃煤炉及其布置方式

（2）燃煤热风炉　直燃式加温炉最大的缺点是室内温度分布不均匀，尤其在加温炉附近作物接受热辐射强烈，对其正常生长会造成很大影响。为了解决温室中温度分布不均匀的问题，常用的做法是采用热风炉，就是在上述直燃式加温炉的基础上增设一套风机送风系统，安装均匀送风管道将加温炉内的热量均匀输送到温室的长度方向（图5-27）。均匀送风管可以是帆布或透明塑料薄膜材料制作，送风管上开设送风孔。为了保证沿送风管长度方向的均匀送风，一种做法是等距离开孔，但孔径大小不同，距离加温炉近处送风管内温度高、风速大，孔口应小；距离加温炉越远，管道内温度和风速将逐渐降低，相应孔口应逐渐加大。这种做法应根据送风机的送风量和压力按照流体力学均匀送风原理设计孔口间距和大小，保证在送风管的全程出风量和出风温度基本一致。由于设计计算复杂，而且加工制作也费事费工，所以生产实践中更多的是采用相同孔径、不同孔口间距的开孔方法，同样也能达到均匀送风的目的。

实际上，如同直燃式加温炉一样，热风炉的排烟烟囱也是一种均匀散热器，与均匀送风管道联合设置，不仅能最大限度有效利用热风炉产生的热量，而且这些热量在温室内的布施更加均匀，应该说是一种经济有效的加温设备。但这种加温设施运行需要风机作送风动力，而且送风管道布置在温室前部或中部会遮光而产生阴影，影响作物采光。

a.热风炉总成   b.热风炉炉体及连接设备

图5-27 燃煤热风炉及其配套设备

（3）**燃油热风炉** 燃煤炉由于煤燃烧不完全以及燃煤成分复杂，燃烧尾气中含有较多的 SO_x 和 NO_x，燃烧不充分会带来较大的空气污染，因此很多地区限制使用燃煤炉。此外，使用燃煤炉，温室生产者需要半夜多次给燃煤炉加煤，严重影响生产者的正常休息。为此，在经济条件许可的情况下，一些生产园区采用了燃油热风炉。

燃油热风炉加温系统由储油油箱、燃烧炉、送风风机、排烟烟囱以及均匀送风管等组成（图5-28）。一般燃油热风炉放置在温室生产区之外的门斗或辅助生产区内，排烟烟囱直接就近通向室外，而均匀送风管则穿过辅助生产区后与前述燃煤热风炉的送风管一样布置在温室内沿温室长度的方向上。由于柴油燃烧充分，尾气中污染物少，对大气的环境污染也可降低到最低限度。

燃油热风炉可根据需要随时启动，根据室内设置温度实现自动控制，无需操作人员管理，因此大大减轻了生产者的劳动强度。但这种加温炉的运行成本较高，仅适用于短期或临时应急加温。

（4）**生物质燃料热风炉** 不论是煤还是柴油，都是一种不可再生

a.热风炉总成　　　　　　　　　　　b.热风炉排烟烟囱

图5-28　燃油热风炉及配套设备

能源。为保证农业产业的健康和可持续发展，近年来研究和生产部门都在聚心集力开发和生产生物质能源，主要是利用农作物的秸秆以及果园、杂木林的树枝，食用菌生产后的菌棒等为原料，通过粉碎、配方调理、挤压成型等工序制作成体积小、能量密度高的燃料块、燃料棒或燃料颗粒，如同燃料煤一样，用作燃烧炉的燃料。使用生物质燃料不仅解决了温室采暖的问题，而且处理了农作物的废弃物，一举两得，是一种生态环保的举措，更是延长农业产业链、提高农业生产附加值的有效手段。

　　由于生物质燃料的热值相比煤更低，所以，相同热量需求的条件下，所用的生物质燃料更多。市场上也开发了专门用于燃烧生物质燃料的炉具（图5-29、图5-30），在温室中使用时除了选择用的炉具不同外，其他排烟烟囱和均匀送风管道与燃煤加温炉基本相似或相同。图5-29的案例中，均匀送风管和排烟烟道上都分别安装了送风风机（图5-29b、c），而在燃烧炉的进气口则安装了进气风筒（图5-29a），燃烧空气从室内吸入，通过排烟道排出室外。

a.燃烧炉及进气口　　　　　b.散热管　　　　　c.排烟道

图5-29　生物质燃料燃烧炉及配套负压送风设备

图5-30燃烧炉的工作原理基本和图5-29燃烧炉相同，所不同的是该均匀送风管道采用正压送风系统，而且为了增加燃烧生物质燃料燃料箱的容积，在燃烧炉原燃料箱的基础上又增设了一个料斗，不仅方便填料，而且增大了料箱容积，基本可以满足一夜的燃料供应，生产管理者不必再起夜给燃烧炉添料了，从而大大减轻了生产者的劳动强度，是一种比较受欢迎的技术改进措施。

生物质燃料根据燃料形状和燃料特性不同，相应燃烧炉具也有不同。在设计选型时，应按照炉具的使用要求正确选配。

a.整体系统　　　　　　b.正常料箱加温炉　　　　c.附加料斗加温炉

图5-30　生物质颗粒料加温炉及配套正压送风设备

（5）燃气加温系统　是用液化煤气、沼气、天然气等气体燃料经汽化后燃烧产生热量，向温室供热的系统。

图5-31是用民用煤气罐供应燃料，采用直燃方式将煤气在燃烧器中点燃后吹出，加热后的热空气通过均匀送风管道沿温室长度方向输送到温室内。该系统由于燃烧器内煤气火焰直接燃烧空气，从燃烧器喷出的空气温度很高，直接接入均匀送风管道可能会点燃送风管道或者高温会加速送风管道老化，为此在系统设计中将送风管道离开燃烧器一定距离，在送风管的进气口安装送风风机，使从燃烧器喷出的高温空气与室内冷凉空气混合，通过送风机进气侧的负压将其吸入送风管道，从而降低送风管道内空气温度。

图5-32是采用管道液化天然气为燃料，经汽化后直接送入锅炉房锅炉，锅炉燃烧燃气产生热水，热水通过管道送到温室，再通过热风机将热水中热量转换为热风，通过风机分送到温室。由于热风

机为分散布置的，与均匀送风管道相比，温室内温度分布可能不均匀，但由于风机是正压送风并扰动室内空气运动，室内温度场相对也是比较均匀的。

a.煤气罐　　　　　　b.燃烧器及送风管　　　　　　c.送风机及风管

图5-31　煤气直燃热风加温系统

a.天然气换气站及锅炉房　　　　b.室内供热与散热系统

图5-32　以天然气为燃料的热水转换热风加热系统

换热风机在日光温室中的布置位置可以沿温室后墙分散布置（图5-33a、b），也可以分散布置在温室跨度方向的中部或中后部。风机可以安装在换热盘管的任意一侧，冷凉空气通过换热盘管吸热后送入温室（图5-33a），也可以负压通过换热盘管吸热后送入温室（图5-33b）。从减小风机进气口阻力的角度分析，将换热风机安装在温室中部阻力最小，安装在温室后墙由于进风口空间小会在一定程度上增大风机阻力，其中正压换热的风机阻力比负压换热的阻力更大，在条件允许的情况下尽量采用负压换热模式。

a.安装在后墙正压换热   b.安装在后墙负压换热   c.安装在温室中部

图5-33　换热器的换热形式及安装位置

5.3.4　短期应急加温技术与设备

上述采用太阳能、电能或是燃煤、燃油以及燃烧生物质的供暖方式大都是在需要较长时间供暖或供暖负荷较大的情况下才设计使用。对于设计采光和保温性能良好的日光温室，正常天气条件下不需要采暖即可安全越冬生产，这类温室基本不配置加温设备，事实上这也是我国绝大多数日光温室的现状。

近年来，随着气候的变化，极端天气条件不断发生，暴雪、严寒、雾霾、沙尘以及长时间连阴天等不利于作物生产的恶劣天气条件时常在威胁着我国大部分的冬季生产日光温室。为此，寻找解决日光温室短期或临时应急的加温方式迫在眉睫，这也是保障我国大面积日光温室冬季安全生产的重要举措。

生物质燃料块是一种常用的临时加温燃料。这种燃料块类似传统的蜂窝煤结构（图5-34），点燃后可以缓慢自燃。燃烧这种燃料块不需要配套加温炉具，只要在温室走道上用两块砖块或混凝土块将燃料块支起即可。一般在温室内走道上每隔10～20m布置一个燃点，每个燃点放置2块燃烧块，晚上9—10时点燃，可持续燃烧到第二天凌晨。如果室外温度再低，可在凌晨时分补加1块燃烧块，基本可满足温室夜间的散热需求。

另一种燃料块是直径在10cm

图5-34　生物燃料块

左右的蜡烛，蜡烛高度在20cm以上。由于蜡烛是靠捻子点燃的，火苗较小，所以蜡烛可以布置在作物垄间，此外，蜡烛的发热量较小，在温室采用蜡烛应急补温时所需要的蜡烛数量也较多，可根据室外温度和温室的保温性能来选用。

上述不论是生物质燃料块还是蜡烛，其组成成分中都含有较多的石蜡。石蜡是助燃材料，且燃烧后的烟气中仍含有较高的石蜡成分，因此，在采用上述燃料进行温室应急采暖时，应及时开窗通风，以排除温室空气中的有害气体，保证操作人员的健康。目前有关这种烟气成分对作物危害方面的研究还是空白，有待进一步的深入研究和实践。

主要参考文献

REFERENCES

周长吉, 2022. 温室工程实用创新技术集锦3[M]. 北京: 中国农业出版社.

周长吉, 2019. 温室工程实用创新技术集锦2[M]. 北京: 中国农业出版社.

周长吉, 2016. 温室工程实用创新技术集锦[M]. 北京: 中国农业出版社.

周长吉, 2022. 日光温室屋脊卷膜通风系统[J]. 农业工程技术(温室园艺), 42(16): 42-48.

周长吉, 2022. 日光温室卷帘机自动控制限位方法[J]. 农业工程技术(温室园艺), 42(4): 42-46.

周长吉, 2020. 一种以屋面拱杆为轨道的日光温室内卷被/卷膜保温系统[J]. 农业工程技术(温室园艺), 40(25): 36-39.

周长吉, 2020. 一种无后屋面活动保温后墙组装结构日光温室[J]. 农业工程技术(温室园艺), 40(16): 42-47.

周长吉, 2019. 日光温室卷帘机的创新与发展[J]. 农业工程技术(温室园艺), 39(25): 26-33.

周长吉, 2019. 日光温室遮阳降温的形式与结构[J]. 农业工程技术(温室园艺), 39(22): 10-14.

周长吉, 2018. 中国日光温室结构的改良与创新(二)——基于主动储放热理论的墙体改良与创新[J]. 中国蔬菜(3): 1-8.

周长吉, 2018. 中国日光温室结构的改良与创新(一)——基于被动储放热理论的墙体改良与创新[J]. 中国蔬菜(2): 1-5.

周长吉, 2017. 中以温室技术的结晶——艾森贝克对中国日光温室的改良与创新[J]. 农业工程技术(温室园艺), 37(16): 44-50.

周长吉, 2016. 一种电动日光温室外保温被防雨膜[J]. 农业工程技术(温室园艺),

36(16)：29-30.

周长吉，2015. 一种简易的温室喷涂遮阳降温方法[J].农业工程技术(温室园艺)，35(34)：53-54.

周长吉，2015. 一种活动保温被覆盖透光后屋面的日光温室[J].农业工程技术(温室园艺)，35(16)：24-26.

周长吉，2015. 日光温室内保温被的两种卷被方式[J].农业工程技术(温室园艺)，35(10)：20-22.

周长吉，2012. 日光温室中太阳能的二次利用技术[J].农业工程技术(温室园艺)，32(7)：48-54.

周长吉，2012. 日光温室屋脊机械卷膜通风原理与设备[J].农业工程技术(温室园艺)，32(5)：34-36.

周长吉，2012. 日光温室内湿帘风机降温系统设置方法[J].农业工程技术(温室园艺)，32(4)：40-44.

周长吉，2012. 日光温室自然通风原理与通风口的设置[J].农业工程技术(温室园艺)，32(2)：38-40.

周长吉，2012. 日光温室屋脊机械扒缝通风原理与设备[J].农业工程技术(温室园艺)，32(1)：24-25.

周长吉，2011. 日光温室保温被侧活动边固定技术[J].农业工程技术(温室园艺)，31(12)：25-26.

周长吉，2011. 一种日光温室临时加温系统[J].农业工程技术(温室园艺)，31(2)：25.

魏晓明，周长吉，曹楠，等，2010. 基于光照的日光温室总体尺寸确定方法探讨[J].北方园艺(15)：1-5.

周长吉，王洪礼，1996. 日光温室的采光设计[J].石河子农学院学报，14(3)：10-16.

农业农村部规划设计研究院设施农业研究所成立于1979年，是国内最早从事设施园艺与畜牧工程研究的机构之一。设施农业研究所内设7个部门，拥有农业农村部农业设施结构工程创新团队和设施园艺栽培工艺与装备创新团队两个创新团队，一个部级重点实验、一个部级创新分中心和一个试验基地。设施农业研究所聚焦设施农业全产业链，提供农业农村发展相关的政策研究、工程咨询、工程设计和技术服务。

农业农村部农业设施结构设计与智能建造重点实验室

2011年经农业部批准（农科教发〔2011〕8号）成立，隶属设施农业工程学科群，是全国唯一以农业设施结构研究为重点的专业性实验室。实验室以实现农业设施结构标准化为主线，聚焦原始创新与性能测试，在新型温室结构、温室新材料与建设标准化、智能温室装备研发等方面取得多项突破，为设施农业的标准化建设、可持续发展提供理论与技术支撑。

国家数字设施农业（设施园艺）创新分中心

位于河北省廊坊市永清县设施农业精准实验基地，中心以数字技术引领驱动设施园艺现代化发展，针对现阶段设施农业生产应用需求，研发形成适合推广普及的数字农业技术装备，重点开展设施园艺环境－生理－工程设计数字化创新、设施园艺关键环节智能技术与装备创新、设施园艺数字化生产管理与运营创新和设施园艺信息共享与服务创新。

农业农村部规划设计研究院永清精准试验基地

位于河北省廊坊市永清县，是集科技创新、示范推广和人才培训为一体的全国性设施农业研发创新中心。试验基地按照"立足永清、服务全国、面向世界"的发展定位，围绕我国设施农业高质量发展需求，承担现场尺度的装备中试与作物试验示范，锤炼最适合中国的设施农业集成技术。

地址：北京市朝阳区麦子店街41号（100125）
联系电话：010—59196970/6972
网址：www.aape.org.cn

延伸阅读

内容简介： 本书介绍了多个由于多种自然和人为因素造成温室倒塌或损坏及其修复改造的案例，从破坏现场勘测到破坏根源分析，层层深入。温室损坏的案例包括连栋玻璃温室、连栋塑料薄膜温室和日光温室，造成温室倒塌或损坏的直接诱因包括风、雪、雨、火等"天灾"和"人祸"。温室修复改造的案例主要集中在日光温室。可供温室设计、施工和生产管理者学习和借鉴。

内容简介： 本书总结了温室透光覆盖材料的特征及性能使用要求，内容包括温室透光覆盖材料分类、温室对透光覆盖材料基本性能要求、覆盖材料透光性能、机械性能、保温性能、抗老化性能以及其他性能参数的测定方法、不同类型透光覆盖材料的性能及使用要求、典型透光覆盖材料安装方法等。适合温室设计、建设、施工等技术人员在选择及安装温室透光覆盖材料时阅读参考。

内容简介： 本套书由作者走访、调研、考察国内外温室设施后撰写的多篇实用技术文章汇编而成。作者用专业的眼光、通俗的语言、直观的图片和细致的总结，介绍了包括日光温室、塑料大棚和连栋温室工程从设计、建造到运行、管理等不同环节的多种技术，几乎囊括了当今温室工程的各个方面。内容广泛、技术实用、图文并茂、知识点多，是一套非常实用的工程技术手册。